20 cts
TOBLERONE
Chocolat
TOBLERONE
Sobald Geld heruntergefallen
Ring ganz herausziehen.
Dès que pièce tombée
tirer l'anneau à fond.

TOBLERONE

Patrick Feuz · Andreas Tobler · Urs Schneider

Toblerone

Die Geschichte eines Schweizer Welterfolgs

herausgegeben von Kraft Foods

Edition Temmen

COLAT
TOB

die Beste

Inhalt

Glückwunsch zum 100. Geburtstag der Toblerone

Über die Geschichte der Chocolat Tobler, den Firmengründer Johann Jakob Tobler und seinen Sohn, den Toblerone-Erfinder Theodor Tobler, wurde bereits viel geschrieben. Höchste Zeit, sich einmal ausführlich dem beliebtesten Produkt aus dem Hause Tobler und damit einer der beliebtesten Schweizer Schokoladen weltweit zu widmen: der Toblerone. Ihre Geschichte ist eng verknüpft mit der Geschichte der Stadt Bern und sie ist und bleibt ein wichtiger Bestandteil der Schweizer Schokoladetradition. Und das bereits seit 100 Jahren!

Weshalb ist die Toblerone so berühmt geworden? Welche Werbe- und Verkaufsstrategien verfolgte Theodor Tobler, um sein Produkt zu einer Weltmarke aufzubauen? Wie beeinflussten Krisen, Konjunkturen, Firmenübernahmen und technologischer Wandel die Karriere der Toblerone? Woher kamen die Rohstoffe, und woher stammen sie heute? Diese und viele weitere Fragen möchte dieses Buch beantworten. Das Ergebnis ist ein spannendes Stück Marketing-, Wirtschafts- und Sozialgeschichte.

Mit den Autoren Patrick Feuz, Andreas Tobler und Urs Schneider haben wir ausgewiesene Kenner der Schweizer Schokolade-Geschichte gewinnen können, sich mit dem Thema Toblerone auseinanderzusetzen.

Die Autoren nutzen neben Materialien aus öffentlichen Bibliotheken und Archiven auch bisher unveröffentlichtes Material aus dem Firmenarchiv von Kraft Foods und konnten so erstmals die gesamte hundertjährige Geschichte der Schokoladen-Legende rekonstruieren.

Wenn wir heute von «globalen Marken» sprechen, gehört Toblerone zweifelsfrei zu den Top-Marken. Nur wenige Schokoladen sind zum Synonym für «Schweizer Qualitätsschokolade» geworden – Toblerone gehört dazu.

Ob in Tokio, Rio, New York, London oder Berlin, Liebhaber dieser Schweizer Spezialität können sie in immer gleichbleibend hoher Qualität auf der ganzen Welt geniessen, mit der Gewissheit, dass es sich um ein echtes Stück «Schweizer Schokolade» handelt.

Folgen Sie uns nun in die Welt von Toblerone. Wir wünschen Ihnen viel Vergnügen bei der Lektüre der bewegten Geschichte dieser einzigartigen Schweizer Traditionsschokolade.

Jean-Paul Rigaudeau
Kraft Foods
President EU Region

Zürich, im Januar 2008

Jean-Paul Rigaudeau

Bewegtes Leben, süsses Vermächtnis

Theodor Tobler und die Toblerone

Im hinteren Berner Länggassviertel weiden Kühe und grunzen Schweine, als Theodor Tobler (1876 bis 1941) dort seine Kindheit verbringt. Noch bedecken Äcker und Wiesen weite Teile des nordwestlich der Stadt gelegenen Gebietes, und zwischen Bauernhäusern und heckengesäumten Sommerresidenzen von Patrizierfamilien spazieren Hühner umher. Seit der Wahl Berns zur schweizerischen Bundesstadt im Jahr 1848 und dem Anschluss ans Eisenbahnnetz zehn Jahre später gerät die Beschaulichkeit des Viertels jedoch unter Druck. Wo vor Kurzem noch die Patrizier in den Sommermonaten Zuflucht vor der Schwüle und dem Gestank der Stadt gefunden haben, schiessen Gewerbe- und Industriebauten aus dem Boden, entstehen Arbeitersiedlungen, und in einiger Distanz dazu baut an sonniger Hanglage das Bürgertum seine Villen. Das Länggassviertel dient als zentrumsnahes Bau- und Stadtexpansionsgebiet, und der rasante Wandel sticht bald nicht nur ins Auge, sondern um die Jahrhundertwende auch in die Nase: Im Jahr 1899 nimmt dort die Schokoladefabrik Tobler ihren Betrieb auf.

Markt in der Berner Altstadt: Kramgasse mit «Zytglogge»-Turm, Postkarte um 1900

Johann Jakob (Jean) Tobler, 1830 bis 1905, und seine Frau Adelina Tobler, geborene Baumann, 1844 bis 1899

Theodor Tobler wächst in kleingewerblichem Milieu auf.[1] Seine Eltern sind beide in die aufstrebende Bundesstadt zugewandert. Ab 1877 betreiben sie in einem alten Landhaus an der Länggassstrasse eine Zuckerwarenproduktion. Theodors Vater, Confiseur-Pâtissier Jean Tobler, fabriziert Karamellen, kandierte Früchte, Pastillen für Torten und Christbäume, Ostereier aus Zucker und Schokolade, Pralinés und Bonbons. Mit seinen Produkten beliefert er Bäckereien und Konditoreien. Schokolade fehlt noch im Sortiment, denn im Quartier gibt es kein Flüsschen, das die nötige Wasserkraft für die Maschinen liefern könnte.

Für die Ostereier, Pralinés und schokoladeüberzogenen Bonbons kauft Jean Tobler bei Suchard, Cailler und Sprüngli ganze Kakaoblöcke. Er ist viel unterwegs, um neue Kundschaft zu gewinnen. Theodors Mutter Adeline hilft bei der Fabrikation und Verpackung der Zuckerwaren, schreibt bis spät in die Nacht Rechnungen und führt die Geschäftsbücher. Auch nach der Geburt der drei Kinder Emil, Theodor und Martha wirkt sie im Geschäft mit und überlässt Kinder und Küche einem Dienstmädchen, wie das damals in kleingewerblichen Familienbetrieben üblich ist.

Die fünfköpfige Familie wohnt im ersten Stockwerk des kleinen Landhauses, die Dachwohnung wird vermietet. Um die finanziellen Verhältnisse aufzubessern, führt Mutter Adeline einen kleinbäuerlichen Nebenbetrieb. Später schreibt ihr Sohn Theodor über diese Aktivitäten: «Die Mutter verstand sich auf Landwirtschaft und wusste wohl, dass darin etwas Geld zu machen war. Eine Kuh, später zwei, dann drei, dann fünf, wurden gehalten, auch ein Schwein oder zwei, bei welchem die Tisch- und Marktabfälle untergebracht wurden, einige Schafe und ein Hühnerhof. Kälber wurden gezüchtet und mit gutem Gewinne verkauft.»[2]

Auch die Süsswarenproduktion entwickelt sich kräftig: «Die Zahl der Leute, welche bei uns arbeiteten und gleichzeitig da verköstigt wurden, wuchs beständig, und zeitweise mochten es gegen zwanzig gewesen sein. Da musste das Essen in zwei getrennten Schichten aufgetragen werden, die eine um zwölf Uhr mittags für die Männer, die andere etwa eine halbe Stunde später für die

Frauen. Mit der ersten Schicht assen der Vater und wir Buben und mit der zweiten die Mutter und unsere Schwester.» Jean Tobler bringt von seinen Besuchen bei der Kundschaft ein immer dickeres Bündel Bestellungen nach Hause. Die Zahlenreihen in den Geschäftsbüchern werden länger. Das Ehepaar ist von morgens früh bis abends spät auf den Beinen. Zwar sind die Gewinne aus guten Jahren sicher in Grund und Boden angelegt, und das geliehene Geld wird sobald wie möglich zurückbezahlt. Aber gleichzeitig sind da die ständig nagenden Zweifel, «ob wir auch wirklich in Übereinstimmung mit dem erweiterten Geschäftsbetriebe in unseren finanziellen Verhältnissen voran- und nicht etwa vielmehr zurückkämen und ob es ihm und der Mutter gelingen werde, jederzeit ihren vielen und schweren geschäftlichen Verpflichtungen nachzukommen».

Der Zuckerbäcker und die Witwe aus der Seidenfabrik

Aufgewachsen ist Johann Jakob, wie Theodors Vater richtig heisst, in der Gemeinde Lutzenberg im Kanton Appenzell Ausserrhoden. Schon bald nach seiner Geburt im Jahr 1830 trennt sich die Mutter vom Ehemann und verdient ihr Geld fortan mit einem kleinen Tuchhandel und etwas Land-

Im ersten Stock der Bäckerei Bischoff im Länggassviertel richtet Jean Tobler 1868 seine «Confiserie Spéciale» ein

wirtschaft. Nach der Lehre als Zuckerbäcker in einer Konditorei in St. Gallen geht Johann Jakob auf Wanderschaft. Zu Fuss und mit der Postkutsche zieht er 1848 in die sächsische Hauptstadt Dresden, wo der junge Schweizer nicht nur berufliche Erfahrungen sammelt, sondern auch miterlebt, wie das Militär die Deutsche Revolution definitiv niederschlägt. 1855 zieht Tobler nach Paris weiter, und im Lauf der nächsten zehn Jahre wird aus «Johann» nun «Jean». Abends in der Mansarde, wo in kalten Winternächten sein Bart am Hemd anfriert, notiert er detailliert in ein kleines Buch, was ihm der Patron tagsüber über französische Confiserie, Schokoladeherstellung und Kochkunst beigebracht hat. Nach der Rückkehr in die Schweiz klappt nicht alles wie geplant. Der Kauf einer Konditorei im ländlichen Vevey erweist sich als Fehlschlag. 1867 packt Tobler erneut seine Koffer und sucht sein Glück in der Bundesstadt. Er übernimmt zunächst eine Konditorei in der Berner Altstadt. Schon ein Jahr später zieht er ins Länggassviertel, um hier eine «Confiserie Spéciale» zu eröffnen, die er 1877 in ein nahegelegenes altes Landhaus verlegt.

1872 heiratet er die 28-jährige Witwe Adeline Lorenz Baumann. Sie stammt aus dem Kanton Thurgau, wo ihre Eltern in Heimarbeit Zündhölzer hergestellt haben, und arbeitet in der Seidenfabrik im Länggassviertel. Adelines Mann, ein deutsch-russischer Silberschmied, hat Bern kurz nach der Heirat den Rücken gekehrt, um anderswo eine bessere Existenz für eine gemeinsame Zukunft aufzubauen. Aber auf der Reise verunglückt er tödlich.

Toblers Mühe mit den «Herren-Söhnen»

In Theodor Toblers Jugendzeit ist das gesellschaftliche Leben in der Stadt Bern noch von hohen Standesschranken durchzogen. 1885 kommt der Neunjährige in die Lerberschule, die «bevorzugte Schule der bernischen Aristokratie».[3] Mutter

Ein Stadtteil wandelt rasant sein Gesicht. Rechts im Bild die 1899 gebaute und sukzessive erweiterte Schokoladefabrik Tobler um 1908

Adeline glaubt, «dass wir durch den täglichen Verkehr in einem solchen Milieu geschliffen würden. In ihrem klugen und scharf berechnenden Geschäftssinne dachte sie wohl gleichzeitig, der Besuch der Lerberschule werde uns die Freundschaft von Söhnen der reichen Familien vermitteln, die uns in unserer späteren Karriere nützlich sein könnte». Aber im letzten Viertel des 19. Jahrhunderts begegnen weite Teile des aristokratischen Berner Establishments kleingewerblichen und industriellen Unternehmerfamilien nach wie vor mit Skepsis bis hin zur Verachtung. Durch bürgerliche Sitten und Werte wie das Leistungsprinzip fühlen sich die alten Familien, die jahrhundertelang von Grund- und Kapitalbesitz gelebt haben, in ihrem Selbstverständnis und Lebensstil infrage gestellt. Verglichen mit früheren Zeiten arbeiten zwar immer weniger Patrizier als Gutsbesitzer oder hohe Offiziere und immer mehr als Fürsprecher, Notare, Ingenieure und hohe Beamte. Aber industrielle und gewerbliche Unternehmer sind in diesen Kreisen noch selten vertreten. Unstandesgemässe Kontakte empfinden die patrizischen Eliten als schädlich und bedrohlich. Dies erfährt Theodor Tobler hautnah: Der «Umgang mit den Herren-Söhnen [gab mir] das erdrückende Gefühl, dass ich eigentlich weniger sei als sie, die immer zusammen gingen und sich gegenseitig einladen durften; er machte mich über das Mass bescheiden und liess mich oft einsam. Ich konnte gewöhnlich erst wieder recht froh werden, wenn ich unter meinesgleichen war». Ein Versuch Toblers, die sozialen Barrieren zu durchbrechen, endet in einem demütigenden Fiasko. Im Alter von 13 Jahren lädt Theodor einen Sprössling der Patrizierfamilie von May-von Wagner zu sich nach Hause ein, denn in dessen schöne Schwester hat er sich verliebt. Von May erscheint in Begleitung eines anderen jungen Aristokraten: «Es war ein heisser Sommernachmittag. Zum Vesperbrot hatten uns meine Eltern, die ja selbstverständlich in gewohnter Weise ihrer Arbeit nachgingen, kalte Bratwurst und ein Glas mit einem von meinem Vater mit Wasser zubereiteten leichten Tischwein zurechtgelegt. Übermütig sassen wir Buben zusammen und verzehrten, was man uns vorgesetzt hatte. Meine Freunde verlangten nach mehr, und froh, wie ich bei diesem Besuch war, ging ich in die Küche für eine zweite Ration und noch etwas mehr Wein.» Tags darauf in der Schule verhält sich von May gegenüber Tobler seltsam kühl. Als dieser wissen will, was los ist, sagt der Patrizier, er sei betrunken gewesen und dürfe nicht mehr «mit ihm gehen», seine Eltern hätten es verboten.

Der kleine Theodor Tobler zwischen seinen Geschwistern Emil und Martha in Sonntagskleidung

Theodor Tobler als junger Mann, um 1905

«Früh im Begriff, ein kleiner Kapitalist zu werden»

Toblers Karriere scheint vom Ziel bestimmt zu sein, den wirtschaftlichen und sozialen Aufstieg ohne die Hilfe einflussreicher Aristokraten zu schaffen. Mit 16 Jahren verlässt er vorzeitig die Schule, arbeitet als kaufmännischer Praktikant in einer Genfer Weinhandlung und danach in einer Kirchenkerzenfabrik in Venedig. Zwei Jahre später steigt er 1894 ins elterliche Zuckerwarengeschäft ein. Seiner Einschätzung nach ist das Unternehmen zu klein, um ihm und seinem Bruder ein Auskommen zu sichern. Er schlägt deshalb vor, ausser Bonbons und anderen Zuckerwaren endlich auch Schokolade herzustellen und zu diesem Zweck im inzwischen elektrisch erschlossenen Länggassviertel eine Fabrik zu bauen. 1899 ist die Schokoladefabrik produktionsbereit, und 1900 übernimmt der 24-jährige Theodor den Betrieb, um ihn dann in rasantem Tempo zum international bekannten Schokoladeunternehmen auszubauen.

Während die Patrizier ihre Herrschaftshäuser mit Porträts berühmter Vorfahren schmücken, verweist Schokoladefabrikant Tobler selbstbewusst auf seine unspektakuläre Herkunft und lobt die appenzellischen Grosseltern als «einfache, aber energische Bauersleute».[4] Aufsteiger Tobler präsentiert sich als Selfmademan, der sein Metier von der Pike auf gelernt hat, aus eigener Kraft vorwärtskommt und zum Erfolg weder Matur noch Universitätsstudium braucht. Seine «geistige und gemütliche Entwicklung» verdanke er der Zeit nach dem Schulaustritt, als er im elterlichen Geschäft geholfen und auf sich «allein angewiesen, selbstständig zu arbeiten und zu denken» begonnen habe: «Der starre Unterricht mit all dem Zwang und den Fächern, die mich nicht interessierten, stiess mich ab.» In trotzigem Kontrast zur unternehmerfeindlichen Grundhaltung der aristokratischen Berner Eliten betont Tobler, wie er schon «früh im Begriffe» gewesen sei, ein «kleiner Kapitalist zu werden», und früh daran gedacht habe, sich «nicht der Wissenschaft, sondern dem Handel, der Industrie zu widmen». Mit Episoden aus der Kindheit will er von sich das Bild des geborenen Geschäftsmanns und Fabrikanten zeichnen: «Als Bübchen wurde ich jeden Abend damit beauftragt, das Körbchen mit den vielen Kartoffelabfällen, die es bei uns gab, dem Stallknecht in die Scheune zu bringen. Eines Tages fand ich heraus, dass ein Bauer namens Grunder nicht allzuweit von uns, der viele Kühe hielt, aber nicht so viele Kostgänger wie wir, Mangel an solchem Abzeug hatte und dasselbe gegen geringes Entgelt kaufte. Von nun an nahm ich zwar meinen Weg mit dem Abzeugkörbchen wohl noch von der Küche zu unseren Stallungen, lief dann aber daran vorbei zu derjenigen von Grunder, welcher mir pro Körbchen 5 bis 10 Centimes zahlte.» Schon beim spielerischen Verpacken von Bonbons will Tobler als Knabe auf den «Gedanken der Arbeitsteilung» gekommen sein, «dieses Schlüssels zur billigen Produktion in Fabriken»: «Anstatt jeweils einen Papierzettel, ein Merksprüchlein und eine Karamelle zu nehmen und diese zusammenzupacken, nahm ich zuerst etwa zwanzig Zettel, legte diese behende einen neben den anderen, dann ebensoviele Sprüchlein darauf, dann die Karamelle, und mit dem Körbchen zwischen den Beinen rutschte ich auf der Bank den Arbeitstisch entlang und wickelte eine Vorlage nach der anderen ein.» Tobler ist stolz auf sein Unternehmertum, hält Vorträge über seine Tätigkeit und publiziert Aufsätze. Er gefällt sich als innovativer, dynamischer und risikobereiter Unternehmer: «Ein schlappes, unsicheres, zaghaftes Gebaren hätte uns niemals in die vorderste Reihe der Grossindustrie unserer Branche vorrücken lassen.»[5] Tobler streicht seine Leistung in der Rationalisierung der Produktion und in neuartigen Vertriebs- und Marketingmethoden hervor. Die Reklame sei eine wichtige «Waffengattung der kaufmännischen Kriegsführung», auch wenn «dieses gewaltige Mittel des modernen Handels von manchen verpönt wird».[6]

Freimaurer, Pazifist und Paneuropäer

Auch weltanschaulich grenzt sich Tobler von der aristokratischen Berner Gesellschaft ab, die konservativ bis ins Mark ist. Er ordnet sich politisch dem «linken Flügel der freisinnig-demokratischen Partei der Schweiz»[7] zu, sieht sich also als einen links-liberalen Bürgerlichen. Tobler wirbt für Frauenstimmrecht und staatlichen Mutterschutz, als diese in der Schweiz noch lange keine mehrheitsfähigen Forderungen sind. In einer Rede im Jahr 1918 kritisiert er, dass die Schweizer «noch heute den Zopf von der Höherbewertung des männlichen Geschlechts mit Wonne zur Schau» trügen und «unseren Mitbürgerinnen, den Frauen,

Familienvater Tobler mit seinen fünf Söhnen, um 1925

Auf dem Höhepunkt seiner Karriere: Schokoladefabrikant Tobler mit Sohn Valentin und dänischer Dogge vor seiner Villa «Waldeck», um 1925

Bauboom im Länggassviertel: Jugendstil-Gotteshaus zwischen Arbeitersiedlung und Schokolade-Fabrik (rechts), Postkarte um 1905

denen wir das Leben und die schönsten Stunden, die uns das Leben gewähren kann, verdanken, das Recht auf politische Gleichheit immer noch und immer wieder absprechen».[8] Seine Forderung nach einer Mutterschaftsversicherung «unter staatlicher Führung», finanziert durch Prämien aller Bürgerinnen und Bürger, begründet Tobler so: Als Industrieller beobachte er immer wieder, wie junge Mütter «Schande, Not und Sorge» über sich ergehen lassen müssten. «Wenn ich dazu noch überlege, welchen Gefahren auch das Kind ausgesetzt ist, wenn ich weiss, wie leicht der junge Mann seine natürlichen Triebe befriedigt und sich von der allgemeinen Auffassung dazu als legitimiert betrachtet, schreit es in mir um Hilfe für Änderung und gründliche Umgestaltung dieser Verhältnisse, denen gegenüber der Einzelne ja fast ganz machtlos ist.» Das Frauenstimmrecht kommt in der Schweiz erst 1971, und die staatliche Mutterschaftsversicherung besteht seit 2005.

Tobler träumt zudem von einer Welt ohne Nationalisten und Chauvinisten, ohne Zollschranken und Grenzen. «Weit davon entfernt, die Bedeutung der nationalen Kultur zu verkennen, meine ich, dass es ein Frevel am eigenen Volk bedeutet, wenn immer aufs neue versucht wird, wirtschaftliche und kulturelle Gegensätze zu konstruieren und die bestehenden zu vertiefen.»[9] Er plädiert für eine «grösstmögliche wirtschaftliche Abhängigkeit und Verflochtenheit», weil nur sie die grossen Staaten davon abhalten könnten, «sich zu bekriegen, denn erst dann werden sie einsehen, dass der Krieg ebenso sehr den eigenen Zusammenbruch bedeutet wie den des Nachbarn». Toblers Kerngedanke: «Das Prinzip der wirtschaftlichen Kooperation ist eine Grundbedingung für die gedeihliche Entwicklung der Menschen, und es ist durchaus nur restlos durchführbar unter der Ägide des Freihandels, der einzig positiven Handelspolitik, die es gibt. Der Freihandel führt zur rationellen Teilung der Arbeit zwischen den Völkern auf natürlicher Produktionsgrundlage, er verbilligt den Erzeugungsprozess und erzieht zum Begriff der Arbeits- und Interessengemeinschaft.» Der «wirtschaftliche Völkerbund», so Toblers Vision, müsse «unzweifelhaft den politischen vorbereiten und dessen spätere gesunde und allseitige Verbreitung gewährleisten. Mit der Anwendung des Freihandels entsteht die Möglichkeit der militärischen Ab-

rüstung». An anderer Stelle wird Tobler noch deutlicher: «Es ist doch einfach nicht zu verantworten, wenn man an Militärausgaben beinahe verblutet ist und sich nicht dazu entschliessen kann, künftig weniger Geld für militärische Organisation auszuwerfen.»
Die Forderung nach Abbau der Zollschranken entspricht Toblers geschäftlichen Interessen: Immerhin ist er als Schokoladefabrikant auf Rohstoffe aus fernen Ländern angewiesen, und als Exporteur wünscht er möglichst ungehinderten Zugang zu ausländischen Märkten. Sein pazifistisches und paneuropäisches Engagement als blosses Kalkül abzutun, liesse aber den Weltverbesserungseifer ausser Acht, der aus Toblers zahlreichen Publikationen spricht. Tobler ist nicht der rationale, streng kalkulierende Mensch, als den er sich als Wirtschaftskapitän selber gerne gibt. Ein Mann, der nur an sein eigenes Geschäft denkt, verschwendet keine Zeit damit, Hunderte von Seiten mit Sätzen zu füllen wie: «Eine neue Ethik muss kommen wie damals der Stern im Morgenlande, damit er den Pfad der Menschheit erleuchte und sie zu einer besseren, menschlicheren Zukunft führe.»[10]
Schon als 22-Jähriger tritt er einer Freimaurerloge bei und lernt auf diesem Weg andere Friedensaktivisten kennen, die für eine bessere und friedlichere Welt kämpfen.[11] Bern wird noch vor der Jahrhundertwende ein Zentrum des bürgerlichen Pazifismus. Das Internationale Friedensbüro und die Interparlamentarische Union haben hier ihren Sitz. In seinem Bestreben, die Welt durch Freihandel von kriegerischen Händeln zu befreien, deponiert Tobler im Oktober 1915 zusammen mit anderen prominenten Persönlichkeiten – viele davon Freimaurer – bei der schweizerischen Regierung eine Eingabe, die von den Landesvätern verlangt, die «Initiative zu einer interneutralen Liga zur wirksamen Verteidigung der Menschenrechte» zu ergreifen. Ziel des Vorstosses Toblers und seiner Verbündeten sind unter anderem die Schaffung eines Zollverbandes der neutralen Kleinstaaten Europas sowie Anstösse zur Vereinheitlichung der Handelsbeziehungen. Mit der Losung «Frieden durch Freihandel» engagiert sich der Schokoladefabrikant auch in der Paneuropa-Union des österreichischen Grafen Coudenhove-Kalergie, wirkt als Präsident der paneuropäischen Ortsgruppe Bern und wird so zum Mitbegründer der schweizerischen Europa-Bewegung.[12]
Tobler ist eine vielseitige und schillernde Persönlichkeit mit nonkonformistischer Ader. In seinem sozialen Umgang zeigt er eine für das damalige Bürgertum erstaunliche Offenheit. Zu seinen Freunden zählt etwa die in jenen Jahren in Bern geächtete Sozialistin und Abtreibungsvorkämpferin Margarethe Hardegger. Als diese in materielle Schwierigkeiten gerät, verhilft ihr Tobler zu einer Stelle.[13] Dass die Gewerkschafterin einige Jahre zuvor in einem Streik in der Schokoladefabrik als Gegenspielerin Toblers aufgetreten ist, nimmt ihr der Patron nicht übel. Die beiden engagieren sich gemeinsam im Monistenbund, einer Vereinigung von Freidenkern mit Neigung zu sozialistischen Ideen. Die Monisten kämpfen für den Weltfrieden und treten entschlossen gegen Antisemiten und Rassisten an.

Bitteres Ende

Nach Ende des Ersten Weltkriegs ist Tobler ganz oben auf der Erfolgsleiter angekommen. Der Krieg hat dem Unternehmen einen Boom beschert. Der Aufstieg schlägt sich auch in einer Adressänderung nieder: 1919 zieht Tobler in die «Waldeck», ein ehemaliges Patrizierlandhaus aus dem 18. Jahrhundert, wo im Lauf der Zeit viel aristokratische Berner Prominenz gewohnt hat. Der Kauf des traditionsreichen Herrenhauses kann den bürgerlichen Aufsteiger Tobler mit Genugtuung erfüllen. Die in seiner Jugend erlebten Kränkungen durch Berner Aristokraten hat er nie vergessen. In der «Waldeck» lebt Tobler mit Berty Eschmann, seiner zweiten Frau und früheren Sekre-

Das Länggassviertel (in der Mitte der linken Bildhälfte) als zentrumsnahes Bau- und Expansionsgebiet der Stadt Bern, Stadtplan von 1913

tärin, die vier Söhne zur Welt bringt. Von seiner ersten Frau hat Tobler zwei weitere Söhne.[14]

Mit der Wirtschaftskrise Anfang der 1920er Jahre enden für Tobler die geschäftlich goldenen Zeiten und werden für ihn auch nicht mehr wiederkommen. Während andere Unternehmen in dieser Zeit auf Konsolidierung setzen, sucht Tobler das Heil in einer kühnen Expansionspolitik, mit der er neue Märkte zu erschliessen hofft. Er selber rechtfertigt diesen waghalsigen Kurs mit der Pflicht des Unternehmers, auch in schlechten Zeiten «irgendwo und irgendwie Beschäftigung hereinzuholen».[15] Die im Jahre 1929 einsetzende Weltwirtschaftskrise lässt die Risikostrategie endgültig scheitern. 1931 ist Tobler nicht in der Lage, eine fällige Obligationenanleihe zurückzuzahlen. Die Banken übernehmen das Ruder und setzen einen Sachwalter ein. Tobler darf Direktor bleiben, zu sagen hat er aber praktisch nichts mehr. Mehrfach rebelliert er gegen seine neuen Vorgesetzten. Hinter dem Rücken des Verwaltungsrates lässt er auf eigene Rechnung eine Billigschokolade namens Magnetic herstellen und versucht überdies, sie über die regulären Vertreter von Chocolat Tobler zu vertreiben.[16] Die Sache fliegt auf, wird zur «Magnetic-Affäre» und kostet ihn den Kopf: 1933 muss Tobler als Direktor zurücktreten. «Theodor Tobler überraschte mich mit der Mitteilung, er habe demissioniert und werde die Weiterführung seines Werkes wohl anderen Händen überlassen müssen. Es entgeht mir nicht, sein Gemüt ist tief verletzt, er ist indigniert und abgekämpft», berichtet später ein Freund.[17]

Der Patron Tobler, der sich über «seine» Fabrik definiert, obwohl diese immer einer Aktiengesellschaft und nie mehrheitlich der Familie gehört hat, wird sich von diesem Schlag bis zu seinem Tod 1941 nicht mehr erholen. Zwar findet er neue Aufgaben, gründet eine erfolgreiche Firma, die Filme für das grafische Gewerbe und medizinische Zwecke herstellt, und übernimmt eine kleine Bonbonfabrik. Aber von seinem Lebenswerk kann er sich nicht lösen: In zwei tragisch wirkenden Auftritten und in völliger Verkennung der Realitäten fordert Tobler 1938 und 1940 an den Generalversammlungen von Chocolat Tobler erfolglos einen Sitz im Verwaltungsrat. Die geäusserte Befürchtung der grossen Mehrheit der Aktionäre, dass der Verwaltungsrat erneut Toblers «suggestiver Überredungskunst» erliegen und «grössenwahnsinnige Geschäfte» tätigen könnte, muss den Firmengründer tief verletzt haben.[18]

Nach dem Rauswurf Toblers verbietet die Chefetage, dessen Namen jemals wieder zu gebrauchen. Theodor Tobler existiert offiziell nicht mehr. Ein späterer Direktor bei Chocolat Tobler erinnert sich: «Das ging so weit, dass ich an Empfängen für ausländische Gäste den alten Emil Baumann hervorholte und ihn als alleinigen Erfinder der Toblerone vorstellte. Wir durften nur noch die halbe Wahrheit sagen.»[19] Aber im Namen der Toblerone ist Theodor Tobler bis heute lebendig geblieben.

Die Sache mit dem Matterhorn

Legenden sind gut fürs Geschäft. Rund um den Erdball vermuten Schokoladekonsumenten, die Toblerone verdanke ihre Form dem Matterhorn, dem wohl bekanntesten Wahrzeichen der Schweiz. Immerhin schmückt der Berg die Verpackung der auffällig geformten Schokolade, und auch in Werbebroschüren und Pressedokumentationen[20] wird die alpine Ursprungslegende

Werber verbinden die Toblerone schon früh mit dem Matterhorn. Emailleschild aus den 1930er Jahren

Schon bald ein Exportartikel: Toblerone in ursprünglicher Verpackung mit Firmenlogo, um 1910

sorgsam gepflegt. Das Matterhorn hat einen festen Platz im Toblerone-Marketingkonzept, das gezielt und variantenreich auf Swissness setzt. Aber auch die übrigen Legenden, die sich um die Form der Toblerone und damit um den offensichtlichen Haupttrumpf dieses Produkts ranken, werden weiterverbreitet, denn letztlich tragen sie alle zum Mythos der Erfolgsschokolade bei. «Jede Marke ist das Kind eines Mythos und darum selbst ein Mythos», hat ein bekannter Markenberater geschrieben.[21]

Als die Toblerone 1908 auf den Markt kommt, ist vom Matterhorn weder auf der Verpackung noch in der Reklame für das Produkt etwas zu sehen. Auf der Hülle der Toblerone prangt in goldener Prägung das Firmenlogo, ein Adler mit Schweizer und Berner Fahne in den Krallen. Auch in einem Artikel über die Toblerone von 1922, veröffentlicht in Toblers Firmenzeitschrift für die Detailhändler, sucht man das Matterhorn vergeblich.[22] 1958 in der Jubiläumsbroschüre zum 50. Geburtstag der Toblerone fehlt das Matterhorn ebenfalls, immerhin hat diese Schrift der Haushistoriker und Vizedirektor Hans Berckum verfasst, der wichtige Protagonisten der frühen Tobler-Zeit noch persönlich gekannt hat.[23]

Nicht dass Theodor Tobler das Potenzial des Matterhorns verkannt hätte: Wie in der Schokolade-

Die Spezialität Milchschokolade erweist sich als entscheidender Wettbewerbsvorteil der Schweizer Schokoladeindustrie. Emailleschild um 1920

branche damals üblich, setzt auch er den markanten Berg für Werbezwecke ein. 1903 wirbt das Matterhorn für Toblers «Berna»[24] und um 1915 generell für Tobler-Milchschokoladen. In den 1920er Jahren stellt ein Reklameschild aus Blech erstmals einen Zusammenhang zwischen der Toblerone und dem Matterhorn her, das gleiche Motiv erscheint in einer Zeitungsannonce in den 1930er Jahren. Und zum 50-Jahr-Jubiläum der Toblerone kreieren die Werber 1958 ein Plakat mit der berühmten Schokolade und dem nicht weniger bekannten Berg.

Aber auf der Verpackung der Toblerone ist vom Matterhorn in jenen Jahrzehnten noch immer nichts zu sehen: 1920 hat ein Bär – das Berner Wappentier – den Adler abgelöst. 1930 kehrt der Adler zurück[25] und bleibt dort bis in die 1960er Jahre. Das Matterhorn kommt erst 1970 zum Auftritt auf der Verpackung der Toblerone, noch nicht auf der Vorderseite, sondern vorerst nur auf den beiden Kopfseiten. Mitte der 1980er Jahre verschwindet der markante Berg wieder. 1987 taucht auf der Hülle ein stilisierter Felszacken auf, der aber nicht das Matterhorn symbolisiert, sondern den «Gipfel des Genusses», wie es damals in der Werbung heisst.

Die grosse Zeit des Matterhorns kommt in den 1990er Jahren. Jetzt beginnen die inzwischen US-amerikanischen Toblerone-Besitzer das Potenzial der Matterhorn-Legende konsequent und global auszuschöpfen: Die erste weltweite Duty-free-Promotionsaktion in der Geschichte der Toblerone erinnert 1995 an den schweizerischen Ursprung der dreieckigen Schokolade und lässt auf Werbematerialien einen Toblerone-Zacken hinter dem Matterhorn hervortreten. 1996 verschmelzen in einem TV-Spot die neu lancierte blaue Toblerone und das Matterhorn. Im Jahr 2000 schliesslich erhält die Verpackung ein neues Design, und der prominente Berg wird zum offiziellen Logo der Schokolade: Von nun an ziert das Matterhorn gut sichtbar jede Toblerone, wobei im Berg der Berner Bär versteckt ist. Die schweizerische Herkunft wird inzwischen doppelt betont: Neben «Swiss milk chocolate» steht zusätzlich Toblerone «of Switzerland».

Der Bär – das Berner Wappentier – taucht in der Tobler-Werbung immer wieder auf. Anzeige von 1922

Andere Inspirationsquellen

Theodor Toblers Söhnen zufolge standen aber nicht zackige Felsen, sondern knackige Tänzerinnen Modell für die Toblerone.[26] Demnach kommt

Plakatwerbung aus den fünfziger Jahren für die weltberühmte Toblerone

Tobler im Jahr 1906 nach einem Besuch im Pariser Revuetheater Folies Bergères auf die Idee, die herkömmliche Tafelform der Schokolade zu durchbrechen. In einer Version dieser Anekdote türmen sich die Revuegirls zu einer Pyramide auf, in einer anderen stehen sie mit abgewinkeltem Oberkörper und gespreizten Beinen hintereinander in einer Reihe. Das soll nicht nur die Dreiecksform, sondern auch die Zacken erklären. Aber die «Folies Bergères»-Variante wird im Toblerone-Artikel von 1922 und in der Jubiläumsbroschüre von 1958 genauso wenig erwähnt wie das Matterhorn.

Die Broschüre zum 50-Jahr-Jubiläum weckt mit einer etwas nebligen Formulierung andere Spekulationen: Die Toblerone habe «etwas Mystisches an sich» und sei Theodor Tobler «nahe gelegen», heisst es dort. Das könnte ein Hinweis auf Toblers Engagement als Freimaurer sein, denn in der freimaurerischen Symbolik gilt das Dreieck als Form der Flamme, der Trägerin des Lichts.[27]

Aber vielleicht ist die Wahrheit auch viel profaner. Schon vor der 1908 lancierten Toblerone ist ein Milchschokoladenpulver namens «Delta Peter» auf den Markt gebracht worden, das in einer dreieckigen Schachtel abgesetzt wird.[28] Somit ist die Aussage im Artikel von 1922 fraglich, für die Toblerone «sei zum ersten Mal in der Geschichte der Lebensmittelindustrie die dreieckige Form» verwendet worden. Niemand weiss, ob diese Pulverschachtel Theodor Tobler inspiriert hat, aber die Nutzung eines dreieickig-länglichen Etuis für Schokolade war so oder so ein genialer Einfall an der Wiege der Toblerone. Jedenfalls treten bald zahlreiche Nachahmer auf den Plan, wie überhaupt Imitationen damals in der Schokoladenbranche an der Tagesordnung sind.[29]

Innovativ bleiben auf jeden Fall die Zacken der Toblerone, und einfallsreich ist auch das Kartonetui. Zu diesem heisst es im Artikel von 1922: Bei den meisten anderen Schokoladen sei «der zarte Inhalt allen zerstörenden Zufälligkeiten preisgegeben», wenn man die Papierhülle öffne. «Wir schufen daher eine Art Bonbonnière, welche nun die nicht konsumierten Teile der Toblerone zurückschiebt und wohl geschützt aufbewahrt.»

Das Matterhorn als Quelle der Inspiration? Die Werbung pflegt die Legende bis heute. Anzeige von 1999

Zwei Familien streiten um die Toblerone

Neu ist 1908 auch die Mischung der Toblerone: Das Produkt ist die erste Milchschokolade mit Mandel-Honig-Nougat. Um Nachahmungen vorzubeugen, lässt Theodor Tobler das «Verfahren zur Herstellung einer neuartigen Schokolade»

Linke Seite:
Das Plakat zum 50-Jahr-Jubiläum inszeniert die Toblerone als weltweit bekanntes Produkt

1909 beim Eidgenössischen Amt für geistiges Eigentum patentieren.[30] Aber auch das Rezept der Toblerone fällt nicht einfach vom Himmel. Laut der Broschüre von 1958, auf die sich alle späteren Werbematerialien stützen, lernt Emil Baumann, Toblers Cousin und Produktionsleiter,[31] im Mai 1908 auf einer Weiterbildungsreise im Elsass ein spezielles Nougat-Produkt kennen, eine Masse aus Zucker, Eiweiss und Mandeln. Zwei Monate später kommt die Toblerone auf den Markt, eine Milchschokolade mit Mandel-Honig-Nougat. Wer genau auf die Idee zu dieser Mischung gekommen ist, bleibt unklar. Der Haushistoriker äussert sich dazu salomonisch widersprüchlich: Emil Baumann habe «spontan» den Gedanken gehabt, «dass mit dem Nougat in Verbindung mit der guten Tobler-Milchschokolade etwas zu machen sei». Noch am Abend seiner Rückkehr aus dem Elsass habe er zusammen mit Tobler in dessen Privatküche gepröbelt, wobei Baumann «die Grundmasse zur Toblerone» gelungen sei. Aber im nächsten Satz heisst es: «Herr Tobler war begeistert und ging, impulsiv und Optimist von Natur, sofort an die Ausarbeitung der ihm vorschwebenden Idee: Tobler-Milchschokolade mit einer Einlage von Mandeln, echtem Bienenhonig und Zucker.»

Baumann oder Tobler? Wer welchen Anteil an der Erfolgsschokolade hat, ist während vieler Jahre Gegenstand eines unterschwelligen Familienstreits. Toblers Söhne beanspruchen sowohl Form, Inhalt als auch die Verpackung für ihren Vater. Als 1994 in einer Schweizer Frauenzeitschrift Emil Baumann als Erfinder der Toblerone genannt wird, protestiert Toblers Sohn Valentin in einem Leserbrief: Das Produkt sei «unter Anleitung» Theodor Toblers in dessen Privatküche entstanden.[32] «Eine Schokoladespezialität mit Mandel-Honig-Nougat hatte meinem Vater schon lange vorgeschwebt.» Baumanns Sohn Max wendet

Alter Trick der Werber: überdimensionierte Tobler-Fabrik vor Berner Alpen, Illustration aus den 1910er Jahren

Theodor Tobler (um 1935) und Cousin Emil Baumann (um 1950), der als Toblerone-Miterfinder gilt

sich in diesem Fernduell um die Urheberschaft der Toblerone schon Jahre zuvor per Leserbrief an die Öffentlichkeit. Der Auslöser: 1983 richten die PR-Verantwortlichen des 75-Jahre-Jubiläums der Toblerone ihre Aktionen ganz auf die Person Theodor Toblers aus, vermutlich um damit die Toblerone-Geschichte möglichst einfach darzustellen. Max Baumann fühlt sich düpiert und reagiert mit klaren Worten: «Unzählige meiner Freunde zweifeln seit einigen Wochen an meiner Aufrichtigkeit. Seit über 60 Jahren nämlich habe ich auf allen Erdteilen und in über 100 Ländern Bekannten, Geschäftsleuten und Journalisten immer wieder erzählt, mein Vater habe zusammen mit seinem Cousin Theodor die Toblerone erfunden. Und jetzt all dieser Rummel in Presse, Radio und TV, wobei überall als Erfinder Theodor Tobler allein erwähnt wird!»[33]

Im Familienzwist um die Toblerone schwingen unverkennbar persönliche Frustrationen und enttäuschte Hoffnungen mit: Die Tobler-Söhne kauen lange Zeit daran, dass die Karriere ihres Vaters als Schokoladefabrikant 1933 ein jähes Ende genommen hat. Baumanns Sohn Max steigt zwar später im Unternehmen zum Export-Direktor auf, dürfte aber seinerseits nie verwunden haben, dass sein Vater Emil in den Anfangsjahren stets im Schatten des wirbligen und dominanten Theodor Tobler steht.[34]

Wenigstens die Erklärungen zum Namen der Toblerone stimmen früh überein und wirken plausibel: Der Name Tobler wird kombiniert mit Torrone, einem italienischen Nougatprodukt, das Theodor Tobler spätestens 1905 kennenlernt, als er in Turin die Schokoladefabrik Talmone kauft.

Jedes Produkt ist letztlich nur so erfolgreich wie seine Vermarktung. Das gilt auch für die Toblerone. Und hier liegt ohne Zweifel die überragende Leistung Theodor Toblers: Um 1920 beginnt er, den Mix aus neuer Schokolade und auffälliger Form offensiv als Weltmarke zu inszenieren. Damit legt Tobler den Grundstein für die bis heute anhaltende Erfolgsgeschichte. «Liebe und Toblerone sind in der ganzen Welt bekannt», wirbt Tobler damals.[35] Längst ist dies mehr als nur propagandistische Lyrik: Die Toblerone gilt heute

96 Prozent der in Bern produzierten Toblerone gehen in den Export

als international bekannteste Schweizer Schokolade. 96 Prozent der in Bern hergestellten Toblerone gehen ins Ausland, ihr Anteil am gesamten Schweizer Schokolade-Export beträgt mehr als 40 Prozent. Die Toblerone ist in über 110 Ländern erhältlich und im Duty-free-Geschäft im Genusssegment neben Alkohol und Tabak die am besten vertretene Marke. In der Schweiz ist heute laut einer Markenstudie der Werbeagentur Advico Young & Rubicam von 2000 nur noch Coca Cola bekannter als Toblerone.[36] Jeder siebte Schweizer bezeichnet die Toblerone als seine Lieblingsmarke.[37] Keine andere Schweizer Schokolade weist gleich hohe Werte aus. Wie glänzend das Image der dreieckigen Schokolade schon früh etabliert ist, verdeutlicht eine Schrift des Verbandes Schweizerischer Schokoladefabrikanten von 1948: Dort wird die Toblerone neben der Erfindung der Milchschokolade durch Daniel Peter und der Schmelzschokolade durch Rudolf Lindt kurzerhand zu den drei Pionierleistungen der Schweizer Schokoladeindustrie gezählt.[38]

1 Die Ausführungen zur Biografie Theodor Toblers und seiner Eltern beruhen auf Patrick Feuz und Andreas Tobler: Schoggibaron. Das bittersüsse Leben Theodor Toblers (1876 bis 1941), Bern 1996

2 Dies und die folgenden Zitate stammen aus Theodor Tobler: Meinen Kindern (Jugenderinnerungen), um 1933, Privatarchiv Familie Tobler

3 Tobler, Meinen Kindern

4 Dies und die folgenden Zitate stammen aus Toblers Lebensläufen von 1902 (Archiv Loge zur Hoffnung, Bern) und 1924 (Privatarchiv Familie Tobler) und aus «Meinen Kindern»

5 Theodor Tobler: 32 Jahre Industriellen-Arbeit. Ein Querschnitt durch die Entwicklung der Tobler-Unternehmungen, Bern 1932, S. 30

6 Theodor Tobler: Kakao, Chocolade und Schweizerische Chocolade-Industrie. Auszugsweise Wiedergabe eines Vortrages, gehalten im Schosse des «Bernischen Vereins für Handel und Industrie», Bern 1914, S. 44

7 Tobler: Lebenslauf von 1924

8 Theodor Tobler: Antrittsrede des Vorsitzenden vor dem Cercle in Bern des Chapitre L'Amitié Lausanne, 1918, Privatarchiv Familie Tobler

9 Dies und die folgenden Zitaten stammen aus Theodor Tobler: Bausteine zu einer neuen Welt. Freimaurerische Reden und Gedanken, Bern/Leipzig 1926, S. 67, 150–151

10 Tobler: Bausteine, S. 2

11 Bei seinem Tod im Jahr 1941 galt Tobler «als Pionier der schweizerischen Freimaurerei», in: Jahresbericht der Loge zur Hoffnung von 1941, Nekrolog Theodor Tobler, Archiv Loge zur Hoffnung, Bern

12 Zum Engagement Toblers in der Paneuropa-Bewegung vgl. ausführlicher Feuz/Tobler: Schoggibaron, S. 45

13 Zur Beziehung zwischen Tobler und Hardegger vgl. Ina Boesch: Gegenleben. Die Sozialistin Margarethe Hardegger und ihre politischen Bühnen, Zürich 2003, S. 220

14 In erster Ehe war Tobler von 1903 bis 1919 mit Theda Born verheiratet. Sie haben zwei Kinder: Jean Theodor, der schon 1924 an einer Grippe stirbt, und Alfred Emil. Als Tobler mit 43 Jahren Berty Eschmann heiratet, ist diese fast halb so alt wie er. Sie gebärt ihm die vier Söhne Valentin, Mathias, Lucas und Iwan.

15 Tobler, 32 Jahre, S. 18

16 Zur Magnetic-Affäre vgl. ausführlicher Feuz: Schoggibaron, S. 116–117

17 Hans Huber: Theodor Tobler in memoriam. Gedenkrede gehalten im Rotary Club Bern, Bern 1941

18 Protokoll der Generalversammlung der AG Chocolat Tobler, 8.4.1940, Staatsarchiv des Kantons Neuenburg (Archiv Suchard Tobler, AST)

19 Zitiert nach Feuz: Schoggibaron, S. 117

20 Die PR-Abteilung der Toblerone-Fabrik in Bern-Brünnen schreibt 1997 in der Broschüre mit dem Titel «Was Sie schon immer über Toblerone wissen wollten», die Matterhorn-Version dränge sich aufgrund ihrer Einfachheit «wahrscheinlich» auf. In der Pressedokumentation zum 95-Jahre-Jubiläum der Toblerone hält Kraft Foods Deutschland 2003 fest, «viel wahrscheinlicher» als andere Versionen sei, «dass das Matterhorn bei der Formgebung Pate stand». Und auf einer aktuellen Internetseite von Kraft Foods (www.kraft.com) heisst es klipp und klar: «The triangular Toblerone shape was modeled on the Matterhorn, Switzerland's most famous mountain and one of the country's most recognizable symbols.»

21 Peter Zernisch: Prognose, in: Markenartikel, Heft 5, 2005, S. 33

22 Jurnalo Tobler, Nr. 6 (1922), S. 8–10, AST

23 Hans Berckum, Ein halbes Jahrhundert Toblerone. Die Geburt und Entwicklung eines Tobler-Produktes, Bern 1958, AST

24 Das Matterhorn wirbt auf einem Sammelbildchen von 1903 für «Berna». Wie andere Schokoladehersteller legte Tobler solche Sammelbildchen seinen Produkten bei.

25 Die Fahne in den Krallen des Adlers zeigt in den 1930er Jahren statt des Schweizer Kreuzes das T von Tobler, weil es inzwischen gesetzlich verboten ist, mit Schweizer Nationalsymbolen zu werben.

26 Die Anekdoten nach Feuz: Schoggibaron, S. 7–8

27 Die Symbolik des Freimaurers, Stuttgart 1930, S. 154

28 Auf die Existenz des älteren Milchpulverproduktes in dreieckiger Schachtel hat der Historiker Roman Rossfeld aufmerksam gemacht, in: Schweizer Schokolade. Industrielle Produktion und kulturelle Konstruktion eines nationalen Symbols 1860 bis 1920, Baden 2007, S. 207 und 458

29 Zu den zahlreichen Nachahmungen und zur Markenschutz-Problematik vgl. Kapitel 5

30 Kopie der Patentschrift vom 29. März 1909, AST

31 Emil Baumann, geboren 1882 in Bern, tritt als 16-Jähriger eine Confiseur-Lehre bei seinem Onkel Jean Tobler an. 1900 übernimmt dessen Sohn Theodor den Betrieb. Baumann ist an der Entwicklung zahlreicher Tobler-Produkte und an technischen Innovationen im Unternehmen beteiligt. Zum Karriereende ehrt ihn der Verwaltungsrat 1954 mit dem Titel des stellvertretenden Direktors. Baumann stirbt 1966.

32 Leserbrief in Meyers Modeblatt vom 1. September 1994

33 Leserbrief in «Der Bund» vom 27. April 1983

34 Max Baumann steigt nach seinem Studium in der Schweiz und ersten beruflichen Erfahrungen im Ausland bei der Chocolat Tobler AG ein und wirkt dort später als Export-Direktor. Nach dem Zusammenschluss von Suchard und Tobler wird Baumann Generaldirektor der neu gegründeten Exportgesellschaft Multifood Ltd. 1980 geht er in Pension und stirbt 1997 in seiner Wahlheimat auf der Insel Mallorca.

35 Zitiert nach Feuz: Schoggibaron, S. 14

36 Vgl. dazu ausführlicher «Cash» vom 24. November 2000

37 Kraft Jacobs Suchard: Marktstudie «Usage & Attitude« (1998), Company Archive Kraft Foods Deutschland, Bremen

38 Chocosuisse (Hg.): Von der Schokolade. Eine Aufklärungsschrift, Zürich 1948, S. 7

Boomzeiten, Krisen und Fusionen

Von Tobler bis zu Kraft Foods

1899 verlassen die ersten Schokoladetafeln die «Berner Chocolade-Fabrik Tobler & Co.». Treibende Kraft im Unternehmen ist Theodor Tobler, der seit 1900 als Direktor wirkt. Die Schokoladebranche erlebt damals einen tief greifenden Umbruch: Mechanisierung und Transportrevolution eröffnen neue Produktions- und Vertriebsmöglichkeiten, die Werbung revolutioniert den Verkauf. Von 1899 bis 1906 steigt die Zahl der Aktiengesellschaften in der schweizerischen Schokoladeindustrie von vier auf siebzehn, deren Aktien- und Obligationenkapital von zehn auf über 46 Millionen Schweizer Franken.[1] Die Branche erkämpft sich auf dem Weltmarkt eine Spitzenposition, sodass der «Tages-Anzeiger für Stadt und Kanton Zürich» 1904 nicht ohne Stolz schreiben kann: «Die Schweizer Chocolade, sowohl die westschweizerischen, die bernischen wie die ostschweizerischen Marken, hat von Jahr zu Jahr immer weitere Gebiete auf dem Weltmarkt erobert und die Produkte der französischen wie der deutschen Fabriken weit hinter sich gelassen.»[2]

Rasanter Aufstieg bis 1920

Theodor Tobler will unter den grossen, zum Teil schon seit Jahrzehnten etablierten Unternehmen der Branche mitmischen.[3] Für seine ehrgeizigen Pläne benötigt er viel Geld: Ende 1902 wird die Kollektivgesellschaft in eine Aktiengesellschaft mit einem Kapital von einer Million Schweizer Franken umgewandelt, weiteres Kapital nimmt die Firma in rascher Folge auf.

Bereits wenige Jahre nach der Firmengründung verfügt das Unternehmen nach heutigem Wert über etwa 450 Millionen Franken. Mit dem Geld begibt sich Theodor Tobler auf eine gewagte Einkaufstour. 1905 erwirbt er für 2,7 Millionen Franken die Turiner Schokoladefabrik «Michele Talmone», 1906 beteiligt sich die Firma mit 200 000 Franken an der Milchsiederei in Glockenthal bei Thun, und 1907 kauft Tobler für 1,9 Millionen einen ungeliebten Billigkonkurrenten in Lugano, die «Compagnie Suisse pour la Fabrication des Chocolats et Cacaos». Die Fabrik in Bern wird grosszügig erweitert: Die Belegschaft wächst von 50 Mitarbeiterinnen und Mitarbeitern im Jahr 1900 auf 600 im Jahr 1912. Chocolat Tobler rückt damit zum grössten Industriebetrieb der Stadt vor. Umsatz und Beschäftigtenzahl nehmen – abgesehen von einer vorübergehenden Baisse in den Jahren 1908 und 1909 – bis Anfang der 1920er Jahre weiter zu, und die Firma stösst auf Platz drei unter den Schweizer Schokoladefabrikanten vor.[4] Der Heimmarkt nimmt nur einen Bruchteil der stetig steigenden Produktion der Schokoladeindustrie auf. Bis zu drei Viertel gehen ins

Kapitalbeschaffung der Tobler AG bis 1908

Jahr	Art	Betrag in Mio. sFr.	Total in Mio. sFr.
1902	Gründungskapital AG	1	1
1904	Obligationenanleihe	0,6	1,6
1904	Aktienkapital	1	2,6
1905	Aktienkapital	2	4,6
1906	Obligationenanleihe	1,2	5,6
1907	Obligationenanleihe	1,65	7,25
1908	Aktienkapital	2	9,25

«Nahrungsmittel ersten Ranges»: Die Werber wollen die Schokolade wegbringen vom Image des Luxusprodukts. Anzeige von 1907

Ausland. Die Schweizer Schokoladebranche ist in jenen Jahren eine unangefochtene Export-Weltmeisterin.[5]

Die Gewinne bei Tobler fliessen reichlich, aber sie fliessen grösstenteils auch wieder aus dem Unternehmen ab. Die Aktionäre werden Jahr für Jahr mit höheren Dividenden für den riskanten Expansionskurs entschädigt. Die Arbeiter profitieren in Form eines grosszügigen Sozialfonds, der 1920 einen Wert von einer Million Franken erreicht.[6] Zugleich investiert Tobler in verschiedene Nebenbetriebe: 1916 wird in Schwarzenburg eine eigene Milchsiederei gebaut, 1917 erwirbt Tobler ein Sägewerk und 1918 eine Druckerei in Laupen, die für viel Geld zur «Polygraphischen Gesellschaft» erweitert wird. Am Ende der Investitionskaskade ist Chocolat Tobler ein Konzern mit über 2000 Angestellten in der Schweiz. Aber die Rahmenbedingungen haben sich inzwischen zu Ungunsten Toblers verschlechtert.

Mit vollem Risiko durch die Krisenjahre

1921 rüttelt die Absatzkrise mit aller Heftigkeit am hastig zusammengezimmerten Imperium. Die Nachkriegskonjunktur erweist sich schon bald als Strohfeuer, Europa ächzt unter den Folgen eines beispiellosen Krieges. Die vom Versailler Vertrag diktierten Reparationszahlungen stören auf Jahre hinaus das internationale Finanzsystem. Der globale Handel kommt zum Erliegen, und die Schweizer Schokoladeindustrie büsst ihre zuvor so vorteilhafte Stellung auf dem Weltmarkt ein. Die Exporte der Branche fallen von 106 Millionen Schweizer Franken im Rekordjahr 1919 auf 29 Millionen 1929, um schliesslich 1937 mit 1,9 Millionen einen historischen Tiefststand zu erreichen.[7] Auch bei Chocolat Tobler brechen Umsatz und Gewinn ein. In einer Blitzaktion verkauft Theodor Tobler 1921 die Turiner Tochtergesellschaft «Talmone». Mit dem Verkaufserlös von sieben Millionen Franken kann er die Verluste des Geschäftsjahres decken und richtet sogar eine Dividende aus, operativ schreibt die Firma aber bereits rote Zahlen. Auch 1922 laufen die Geschäfte katastrophal, sodass erneut für vier Millionen Franken stille Reserven aufgelöst werden müssen.[8] Nachdem Chocolat Tobler innerhalb von nur zwei Jahren sämtliche Rücklagen aufgebraucht hat, bleibt ein völlig aufgeblähter Produktionsapparat zurück, der unter den damaligen Marktverhältnissen nicht gewinnbringend auszulasten ist.

Doch Theodor Tobler hält unbeirrt am Expansionskurs fest. Anstatt seine Firma durch Verkäufe und Entlassungen zu verkleinern, versucht er fieberhaft, im Ausland neue Absatzmärkte zu erschliessen. 1921 gründet er eine Tochtergesellschaft in Bordeaux und schliesst 1929 zwei Lizenzabkommen in England und Belgien ab. In beiden Fällen muss Tobler kaum Geld investieren, sondern setzt bereits vorhandene Maschinen, Rezepte und Markenrechte ein. 1925 reist der Patron in die USA, um dort eine Vertriebsorganisation mit 150 eigenen Vertretern aufzubauen. Aber die Bemühungen jener Jahre tragen keine Früchte. Die Frustration darüber ist in den damaligen Geschäftsberichten deutlich spürbar. Das tönt zum Beispiel so: «Und sehr oft ist es in dieser Übergangsperiode vorgekommen, dass ein nahezu erschlossenes Gebiet, welches als Neuland mit grossen

Werbeoffensive in der Flautezeit, Anzeige von 1927

«Usine électrique»: Erst die Elektrifizierung des Länggassviertels ermöglicht hier die Schokoladeproduktion, Briefkopf der Tobler & Co.

Die Firma braucht Kapital für ihren Expansionskurs: Aus der Tobler & Co. wird die Tobler & Co. Aktiengesellschaft

27 GRANDS PRIX, GOLDENE U. SILBERNE MEDAILLEN

FIRMA GEGRÜNDET 1845

Tobler's DELICIOUS SWISS MILK CHOCOLATE

SUCRE CACAO

FABRIKMARKE FÜR TOBLER'S SCHWEIZ. MILCH-CHOCOLADE

FABRIKMARKE FÜR TOBLER'S "BIJOU" CHOCOLADE OHNE MILCH

BERNER CHOCOLADE-FABRIK
TOBLER & Co A.G.
BERN SCHWEIZ · TURIN ITALIEN

Einbezahltes Aktien-Kapital Fr. 4,000,000. –

Dept. C
in Ihrer Antwort gefl. zu wiederholen.

Telegramm-Adresse: TOBLERI-BERN
A. B. C. CODE 4. & 5. AUFLAGE, LIEBERS CODE
WESTERN UNION CODE
PRIVAT CODE.

Bern, den 29. März 1912.

30

Tit: Schweiz. Milch-Gesellschaft,

Hochdorf.

In Erledigung Ihres Geschätzten vom 27.ds., bedauern wir von Ihrer gefl. Offerte keinen Gebrauch machen zu können, da uns weder die Zusammensetzung des offerierten Milch-Chocoladen-Pulvers, noch der dafür geforderte Preis Convenienz bieten kann.

Hochachtend.
FABRIQUE DE CHOCOLAT DE BERNE
TOBLER & Co S. A.

TT.

Opfern für den Absatz der Produkte bearbeitet worden war, plötzlich wieder vollständig versagte, sei es infolge valutarischen Umsturzes, oder sei es als Auswirkung einer neuen wirtschaftspolitischen Orientierung.»[9]

Am Vorabend der Weltwirtschaftskrise präsentiert sich die finanzielle Lage von Chocolat Tobler in einem desolaten Zustand: 9,2 Millionen Schweizer Franken Aktienkapital, neun Millionen Anleihenschulden, sieben Millionen Bankschulden.[10] Die Bilanz weist auf den ersten Blick zwar eine knapp annehmbare Eigenkapitalquote von etwa 40 Prozent auf, faktisch sind aber die Mittel der Gesellschaft in teilweise wertlosen Aktien, riesigen Lagerbeständen und schlecht ausgelasteten Fabriken angelegt. 1929 will Theodor Tobler zum Befreiungsschlag ausholen. Doch die radikalen Abschreibungen zeigen, dass die Firma unterkapitalisiert ist und sie ihre 1931 fällige Anleihe von vier Millionen Franken am Kapitalmarkt nicht mehr erneuern kann. Theodor Tobler hat es versäumt, seine Expansionspolitik rechtzeitig den schwierigen Verhältnissen anzupassen, und dabei den letzten Vertrauenskredit verspielt.

Die Stunde der Sanierer

Der Zusammenbruch von Chocolat Tobler führt zwischen 1931 und 1933 zur vollständigen Wachtablösung. Bereits 1931 tritt der gesamte Verwaltungsrat zurück, lediglich Theodor Tobler verbleibt als Direktor in der Firma. Neuer starker Mann bei Tobler ist der von den Banken eingesetzte 41-jährige Berner Notar Otto Wirz, der 1932 Verwaltungsratspräsident wird. Unter seiner Führung muss jede Ausgabe über 2000 Franken vom Ausschuss des Verwaltungsrats abgesegnet werden. Theodor Tobler arbeitet nur widerwillig unter seinen neuen Herren. Als er 1932 ohne Wissen des Verwaltungsrats eine Billigschokolade produzieren lässt und über die Firma vertreiben will, muss Tobler «zufolge gütlicher Verständigung» im Jahr

Kurz vor dem Rauswurf aus der von ihm aufgebauten Firma: Tobler auf Geschäftsreise in Deutschland, um 1930

Otto Wirz – ein Mann der Berner Wirtschaft

Otto Wirz (1890–1976) wächst in einfachen Verhältnissen in Bern auf, wo seine Eltern als Wirtsleute das unweit der Aare gelegene Restaurant «Marzilibrücke» betreiben. Nach dem Tod seines Vaters im Jahr 1910 bricht Wirz das Gymnasium ab und beginnt stattdessen eine Lehre bei der Post. Bald darauf lässt er sich zur Bahnpost versetzen, wo er oft Nachtdienste leistet, um in seiner Freizeit an der Juristischen Fakultät Vorlesungen besuchen zu können. 1917 legt Wirz das Notariatsexamen ab und führt ab 1933 sein eigenes Notariat an der Berner Spitalgasse.

Die Sanierung von Chocolat Tobler ab 1931 ist der Startschuss für weitere Mandate aus der Berner Wirtschaft. So gelangt Wirz in den Verwaltungsrat der damaligen Tobler-Tochter Polygraphische Gesellschaft Laupen, den er ab 1949 auch präsidiert. Als 1937 die alteingesessene «Spar- & Leihkasse» am Berner Bundesplatz in Schwierigkeiten gerät, engagiert sich Wirz auch dort als neuer Verwaltungsrat und ab 1944 als deren Präsident. Dort strebt Wirz die Sanierung ebenfalls durch eine starke regionale Verankerung an. Das Bankmandat öffnet ihm weitere Türen, sodass er bald auch in den Verwaltungsräten der «Berner Allgemeinen Versicherungs-Gesellschaft» und diverser Bergbahngesellschaften sitzt. Aus den Beständen der Spar-& Leihkasse kauft Wirz zusammen mit Geschäftspartnern 1941 schliesslich die Aktien der maroden Druckmaschinenherstellerin Wifag und übernimmt deren Präsidium. Die Sanierung der Wifag gelingt, nicht zuletzt wegen Lieferungen an die im Krieg aufrüstende Schweizer Armee. Otto Wirz ist auch politisch tätig: Für die Bauern-, Gewerbe- und Bürgerpartei sitzt er von 1934 an für 35 Jahre im Berner Stadtparlament und nach 1946 acht Jahre im Grossen Rat des Kantons Bern.[11]

Otto Wirz

Schokolade aus der Schweiz: In den 1930er Jahren bricht der Export ein

darauf den Hut nehmen. Ab sofort gilt er in der von ihm einst gegründeten Firma als Unperson. Wirz richtet die sanierte Chocolat Tobler völlig auf den Schweizer Markt aus. Beteiligungen werden verkauft oder abgeschrieben. Tobler Bordeaux geht 1932 an ein französisches Konsortium, wobei die Markenrechte und Patente vertraglich abgesichert sind. Die Polygraphische Gesellschaft Laupen wird 1933 von ihrem Direktor Albert Feller übernommen. Finanziell zeichnet sich eine langsame, aber stetige Besserung ab. Das Geschäftsjahr 1934 schliesst mit einem kleinen Gewinn, sodass die Aktionäre erstmals seit zehn Jahren wieder eine bescheidene Dividende von drei Prozent erhalten. Nach Absatzproblemen und einem weiteren Ausflug in die Verlustzone zahlt Chocolat Tobler 1936 – auf dem Höhepunkt der Wirtschaftskrise in der Schweiz – aber erneut eine Dividende aus. Der Anteil des Exports am Wiederaufstieg von Chocolat Tobler ist verschwindend klein. Daran ändert auch die Abwertung des Schweizer Frankens um 30 Prozent im Jahr 1936 wenig.

Mit dem Ausbruch des Zweiten Weltkriegs stellen sich ganz neue Herausforderungen: Wie lassen sich die nötigen Rohstoffe beschaffen? Wie verhalten sich die Konsumenten im Inland? Im Herbst 1939 ist die Firma zunächst noch reichlich mit Rohstoffen versorgt, und dank staatlichen Eingriffen in die Wirtschaft bleiben Panikkäufe, Teuerungsschübe und soziale Verwerfungen wie seinerzeit im Ersten Weltkrieg aus. Die Schokoladefabrikanten erfreuen sich steigender Nachfrage und können ihre Preise leicht erhöhen. Bereits im Geschäftsjahr 1940 kann Chocolat Tobler alle Schulden zurückzahlen, grosszügige Abschreibungen in der Bilanz vornehmen und die Dividende auf sechs Prozent erhöhen. Dieser Dividendensatz wird während der gesamten Kriegsjahre beibehalten. Ab 1942 erschweren jedoch die unterbrochenen Transportwege den Nachschub von Kakao und Zucker. Zudem versickert immer mehr Schokolade im Schwarzmarkt. Die Rohstoffzuteilungen an Chocolat Tobler erreichen in dieser Zeit nur noch Bruchteile der Vorkriegswerte. In dieser Situation greift der Staat von September 1943 bis Mai 1946 in den Markt ein und rationiert die Schokolade. Wie alle anderen Hersteller stellt Tobler in den Kriegsjahren auf

Blick auf die Berner Altstadt 1949: Nach dem Zweiten Weltkrieg verbessern sich die Aussichten für die Schokoladebranche rasant

Produkte mit tiefem Kakao- oder Schokoladeanteil um und tüftelt Rezepte mit Nüssen, Mandeln und anderen Ersatzstoffen aus.[12]

In den zwei Krisenjahrzehnten von 1920 bis 1940 wächst die Bevölkerung nur langsam, und der Schokoladekonsum in der Schweiz entwickelt sich kaum. Ab 1940 zeichnet sich eine Trendwende ab: Die Bevölkerung steigt innerhalb eines Jahrzehnts um zehn Prozent, gleichzeitig wächst der Pro-Kopf-Konsum von 3,5 auf 6,2 Kilogramm. Zudem erleben die Exporte einen neuen Aufschwung. Chocolat Tobler modernisiert in den ersten Jahren nach dem Zweiten Weltkrieg die Fabrik und benötigt neues Geld für die ausgeweitete Geschäftstätigkeit. 1948 wird erstmals seit der Sanierung das Aktienkapital um 1,76 Millionen Franken erhöht. Mit der Vereinheitlichung des Aktienkapitals im Jahr 1954 verschwinden die letzten Spuren der Krise aus der Bilanz. Otto Wirz hat die Firma innert 20 Jahren erfolgreich saniert und wieder kapitalmarktfähig gemacht. Der Wert der Tobler-Aktien steigt von 20 Franken im Sanierungsjahr 1932 auf über 1100 Franken im Jahr 1952.

Abenteuerliche Geschäfte in der Boomzeit – das Beispiel Stuttgart

Bald nach Kriegsende 1945 gehen im Berner Betrieb deutliche Lebenszeichen von den ausländischen Tochtergesellschaften und Lizenznehmern ein. Zwar haben deutsche Kampfflugzeuge im »Blitzkrieg« die Londoner Fabrik des englischen Lizenznehmers Crosse & Blackwell zerstört, doch bereits 1947 wird in einer neuen Produktion im schottischen Aberdeen wieder Toblerone hergestellt. Auch die 1932 verkaufte Tochtergesellschaft in Bordeaux hat die Produktion erneut aufgenommen, ab 1949 kauft Chocolat Tobler deren Aktien schrittweise zurück. Im selben Jahr wird in Turin eine weitere Tochtergesellschaft gegründet. Dann erfolgt der Markteintritt in der Bundesrepublik Deutschland: 1951 gründet Tobler in Stuttgart eine eigene Verkaufsgesellschaft, seit 1954 wird dort auch produziert. Eine weitere Fabrik eröffnet Tobler 1967 im englischen Bedford. Zusätzlich werden neue Lizenzverträge in Irland und Australien abgeschlossen.

Umsatz und Gewinn der Auslandsniederlassungen überholen in den 1950er Jahren die Werte des Berner Mutterhauses. In den 1960er Jahren steuert Tobler Bern nur noch ein knappes Viertel zum Konzernumsatz bei. Der Erfolg oder Misserfolg hängt somit in jenen Jahren entscheidend vom Geschäftsgang der Auslandsgesellschaften ab. Über die dortige

Tobler fasst Fuss in Deutschland: Ab 1954 produziert die Stuttgarter Firma Schoko-Buck auch Tobler-Artikel

Chocolat Tobler

TOBLERONE

Art.-Nr.	Gew. g	Stück im Karton	Grundpreise (ohne Mwst.) Stück	Karton	empf. Richtpreise
			DM		DM
1410	50	5 x 25	—,375	46,875	—,50
1420	100	25	—,73	18,25	1,—
1430	100	10 x 16	—,73	116,80	1,—
1440	100	40 x 4	—,73	116,80	1,—
1450	200	6 x 9	1,41	76,14	1,95

TOBLERONE — 50 GRAMM

Bei Abnahme von:	MR = Mengen-Rabatt, TR = Tonnen-Rabatt	ohne Steigerungsprämie		1 % Steigerungsprämie		2 % Steigerungsprämie	
		netto	2 % Skonto	netto	2 % Skonto	netto	2 % Skonto
1—149 kg	—	—,3750	—,3675	—,3713	—,3639	—,3675	—,3602
150—249 kg	MR 1 %	—,3713	—,3639	—,3675	—,3602	—,3639	—,3565
250—499 kg	MR 2 %	—,3675	—,3602	—,3638	—,3565	—,3602	—,3529
500—999 kg	MR 3 %	—,3638	—,3565	—,3601	—,3529	—,3565	—,3493
ab 1000 kg	MR 3 % + TR 1 %	—,3600	—,3528	—,3564	—,3493	—,3528	**-,34^{57}**

TOBLERONE — 100 GRAMM

Bei Abnahme von:	MR = Mengen-Rabatt, TR = Tonnen-Rabatt	ohne Steigerungsprämie		1 % Steigerungsprämie		2 % Steigerungsprämie	
		netto	2 % Skonto	netto	2 % Skonto	netto	2 % Skonto
1—149 kg	—	—,7300	—,7154	—,7227	—,7082	—,7154	—,7011
150—249 kg	MR 1 %	—,7227	—,7082	—,7155	—,7012	—,7082	—,6939
250—499 kg	MR 2 %	—,7154	—,7011	—,7082	—,6941	—,7011	—,6869
500—999 kg	MR 3 %	—,7081	—,6939	—,7010	—,6870	—,6939	—,6799
ab 1000 kg	MR 3 % + TR 1 %	—,7008	—,6868	—,6938	—,6799	—,6868	**-,67^{29}**

TOBLERONE — 200 GRAMM

Bei Abnahme von:	MR = Mengen-Rabatt, TR = Tonnen-Rabatt	ohne Steigerungsprämie		1 % Steigerungsprämie		2 % Steigerungsprämie	
		netto	2 % Skonto	netto	2 % Skonto	netto	2 % Skonto
1—149 kg	—	1,4100	1,3818	1,3959	1,3680	1,3818	1,3542
150—249 kg	MR 1 %	1,3959	1,3680	1,3819	1,3543	1,3680	1,3403
250—499 kg	MR 2 %	1,3818	1,3542	1,3680	1,3406	1,3542	1,3268
500—999 kg	MR 3 %	1,3677	1,3403	1,3540	1,3269	1,3403	1,3133
ab 1000 kg	MR 3 % + TR 1 %	1,3536	1,3265	1,3401	1,3133	1,3265	**1,29^{97}**

Die Abnahmen beziehen sich auf **alle** Tafelsorten + Toblerone.

Die Steigerungsprämie auf **Tafelware + Toblerone** ergibt sich aus der Umsatzsteigerung des Tobler-**Gesamtumsatzes** 1968 (ohne Mehrwertsteuer) gegenüber 1967: ab 7,5 % Steigerung 1 % Prämie; ab 15 % Steigerung 2 % Prämie

Dazu wird der vom Gesetzgeber vorgeschriebene Satz an Mehrwertsteuer gesondert in Rechnung gestellt.

Tobler gehört zu den sechs führenden Produzenten in der Bundesrepublik Deutschland. Preisliste von 1968

Rechte Seite: Keine Schweizer Schokolade, aber nach «original Schweizer Rezept»: Toblerone aus Deutschland, Anzeige von 1968

Entwicklung informieren die Geschäftsberichte jedoch nur spärlich, was auf Aktionärsseite und vor allem in der Finanzpresse Kritik auslöst. Die Information ist nicht ohne Grund so zurückhaltend: Chocolat Tobler geht im Ausland erhebliche Risiken ein und erleidet insbesondere in Deutschland und Italien massive Verluste.

Die wichtigste Auslandsniederlassung von Chocolat Tobler befindet sich im süddeutschen Stuttgart und besteht aus der Produktionsgesellschaft Schoko Buck GmbH und der Verkaufsgesellschaft Chocolat Tobler GmbH, die auch aus Bern importierte Spezialitäten wie Toblerone oder Tobler-o-rum verkauft. Zusammen bestreiten die zwei Stuttgarter Firmen zeitweise mehr als die Hälfte des Konzernumsatzes. Bis 1964 sind in den Verkaufszahlen in Stuttgart zweistellige Zuwachsraten die Regel. Tobler gehört zu den sechs führenden Produzenten in der Bundesrepublik. Nach dem Spitzenergebnis von 1964 mit einem Umsatz von über 110 Millionen Schweizer Franken bricht der Absatz aber plötzlich ein, und von den erlittenen Einbussen wird sich Tobler bis Ende der 1960er Jahre nicht erholen. Innerhalb des Konzerns verliert Stuttgart an Bedeutung: Der Umsatzanteil sinkt von 54 Prozent 1964 auf 39 Prozent 1969. Die Gründe für den dramatischen Abstieg sind überraschende Marktentwicklungen und abenteuerliche Entscheide des Managements in Stuttgart.

Bis 1964 sprechen die führenden Hersteller Sarotti, Suchard (Lörrach), Stollwerck, Trumpf, Sprengel und Tobler ihre Preise in einem inoffiziellen Kartell namens «Sechserclub» ab. Nachdem das deutsche Kartellamt eine Strafe angedroht hat, steigen im Sommer 1964 Suchard und die Nestlé-Tochter Sarotti aus dem Kartell aus und senken ihre Verkaufspreise deutlich. Auch Tobler Stuttgart zieht nach und wird von der folgenden Nachfragewelle derart überrumpelt, dass die Firma bei einem Konkurrenten zusätzliche 1000 Tonnen Milchschokolade in Lizenz produzieren lässt. Die Geschäftsleitung in Bern verfolgt die Entwicklung mit Besorgnis und sieht ihre Bedenken bestätigt, als wenige Wochen später der Preisdruck immer stärker wird. Dadurch gelangen die aus Bern eingeführten Toblerone und Tobler-o-rum in Deutschland bis zu 30 Prozent teurer in den Handel und werden in der Folge zu Ladenhütern. Die Stuttgarter Verkaufsgesellschaft reagiert, senkt ihre Bestellungen in Bern und rutscht wenig später in die roten Zahlen.

Schokoladen-„Experte"
Aus seiner Heimat kommt besonders guter Kakao.
Wir nehmen ihn für die Toblerone - zusammen mit vielen anderen ausgewählten Sorten - dazu Alpenmilch, Honig, Mandeln und einige andere Zutaten. Und machen daraus nach dem original Schweizer Rezept eben die berühmte dreieckige Alpenmilchschokolade.
Sie geht in 113 Länder, auch wieder zurück in seine Heimat, weil es auch dort Leute gibt, die der Meinung sind: sie ist
eine der besten Schokoladen der Welt.
deshalb — Toblerone
Chocolat Tobler
berühmt durch internationale Spitzenprodukte
empfohlener Preis für 100 g
No. 150
TOBLERONE
ALPENMILCH SCHOKOLADE MIT HONIG UND
Nach Originalrezept, Verfahrensvorschriften und unter ständiger Kontrolle des Schweizer
hergestellt von Chocolat Tobler GmbH Stuttgart

Fehlentscheide des deutschen Managements kosten das Berner Stammhaus Millionen. Tobler-Neubau in Stuttgart in den 1960er Jahren

Die Lage spitzt sich derart zu, dass im Juli 1965 der Ausschuss des Verwaltungsrates von Tobler Bern eine zweitägige Sondersitzung in Stuttgart abhält. Ohne Wissen der Berner Vorgesetzten hat die Geschäftsleitung in Stuttgart mit dem deutschen Konkurrenten Imhoff einen zusätzlichen Vertrag abgeschlossen und muss nun jährlich 2600 Tonnen Milchschokolade beziehen.[13] Da gleichzeitig die eigenen Anlagen nur noch zu einem Drittel ausgelastet sind, verliert Tobler an jedem bei Imhoff bezogenen Kilo eine D-Mark, und das heisst: 2,6 Millionen D-Mark pro Jahr. Die Aufregung unter den Verwaltungsräten über den schwerwiegenden Fehlentscheid ist gross. Wenigstens lässt sich die bezogene Schokolademenge 1965 auf jährlich 1500 Tonnen senken, indem die Vertragsdauer bis 1973 verlängert wird. Alles in allem vermindert die Fremdfabrikation von 10 600 Tonnen Schokolade in den Jahren 1965 bis 1971 den Gewinn von Tobler Stuttgart um fast 13 Millionen Schweizer Franken. Zum Vergleich: Zwischen 1960 und 1970 erhalten die Aktionäre von Chocolat Tobler Dividenden von insgesamt mehr als zehn Millionen Franken.

Erst nach langem Zögern entscheidet der Verwaltungsrat in Bern, die Produktion von Toblerone und Tobler-o-rum ab 1967 nach Stuttgart zu verlegen, um die dortige Fabrik durch stärkere Auslastung wieder rentabel arbeiten zu lassen. Der Verlagerungsentscheid fällt den Berner Verwaltungsräten schwer, da er das eigene Exportgeschäft schwächt: Tobler Bern büsst 1967 im Export 17,8 Prozent an Umsatz ein, während der

Auch mit der Toblerone kann die Stuttgarter Tochter nicht an die Millionengewinne des Wirtschaftswunders anknüpfen. Deutsches Toblerone-Sortiment um 1970

Export der Schweizer Schokoladefabrikanten um 9,7 Prozent steigt. An die glanzvollen Millionengewinne des Wirtschaftswunders kann die Stuttgarter Tochter jedoch auch mit der Toblerone nicht mehr anschliessen: Der deutsche Markt bleibt durch Überkapazitäten und immer höhere Importe auf Jahre hinaus ein schwer zu beackernder Boden.[14]

Italienische Pleite unter «gefühlsbetonter» Führung

Auch in Italien sieht sich Chocolat Tobler mit gravierenden Problemen konfrontiert. Die 1949 gegründete Turiner Tochtergesellschaft ist zwar mit Anfangsinvestitionen von 4,1 Millionen Schweizer Franken ein relativ kleines Unternehmen, und das finanzielle Risiko für Tobler ist zunächst überschaubar, da die Tochtergesellschaft mehrheitlich einer italienischen Gruppe gehört. Zu Beginn der 1960er Jahre übernimmt aber Tobler Bern schrittweise die Mehrheit und will die Fabrik, deren Anteil am Konzernumsatz damals bei knapp drei Prozent liegt, modernisieren und vergrössern. Dafür soll auch ein neuer Partner vor Ort gesucht werden, wobei sich Tobler dabei als durchaus wählerisch erweist. 1962 scheitert ein Gemeinschaftsunternehmen mit der alten renommierten Familienfirma Ferrero am Veto der Berner Verwaltungsräte, die sich nicht mit einer Beteiligung von 49 Prozent zufrieden geben wollen. 1963 reist eine Berner Delegation nach Turin, um die Firma und deren Aussichten vor Ort zu beurteilen. Otto Würgler, Vizepräsident des Verwaltungsrates, kann der «Italianità» des Turiner Geschäftsführers jedoch nichts abgewinnen: «Er schwimmt tatsächlich in unzähligen Belangen und führt sein Geschäft [...] ausgesprochen gefühlsbetont, ohne zu wissen, wo er eigentlich steht, bis zum Jahresabschluss.»[15] Bevor weiter investiert wird, wünscht Würgler einen neuen Geschäftsführer, «jedoch lieber keinen Italiener».

Das «Toblerone-Rad», ein 1959 in Bern entwickelter Verpackungsautomat, dreht sich 1968 auch in Stuttgart

1964 beschliesst der Verwaltungsrat in Bern einen neuen Lizenzvertrag mit dem italienischen Mischkonzern Edison, der die Mehrheit an Tobler Turin übernimmt und eine neue Fabrik aufbaut.[16] Tobler Bern muss kein neues Geld einschiessen, wandelt aber bestehende Schulden der Tochtergesellschaft in Aktien um. Im Geschäftsbericht 1966 schreibt der Verwaltungsrat, dass Tobler Turin «in eine Phase dynamischen Aufbaus getreten» sei.[17] Tatsächlich steigt der Umsatz von 1966 bis 1969 von unter acht auf über achtzehn

Millionen Schweizer Franken an. Der Haken an der Sache: Die neue Geschäftsleitung muss ständig neue Verluste nach Bern melden. Bereits 1968 ist Tobler Turin ein Sanierungsfall. Die Gründe dafür sieht der Berner Direktor Bernhard Soldan im Unvermögen der italienischen Partner: «In Fragen der Organisation, des Marketings, des Finanzgebarens und des Personals werden wir höflich angehört, doch haben wir den Eindruck, dass unsere Ratschläge kaum befolgt werden. Gerade in diesen Gebieten jedoch liegen die Gründe der schlechten finanziellen Resultate.»[18] Bis im Frühjahr 1970 verschlechtert sich die Lage derart, dass der Turiner Betrieb nur noch in den Konkurs geschickt werden kann. Der weitere Verlauf der Verhandlungen in Italien wird von den Ereignissen in der Schweiz beeinflusst: Suchard verhandelt mit Tobler über eine Übernahme und insistiert dabei, zunächst die Lage in Italien unter Kontrolle zu bringen. Deshalb kauft Tobler Bern die wertlose Aktienmehrheit für fast drei Millionen Franken vom italienischen Mitbesitzer Montedison zurück. Eine erste Bestandesaufnahme fördert Ungeheuerliches zutage: Die aufgelaufenen Bilanzverluste und Schulden bei Banken und Lieferanten addieren sich auf beinahe 30 Millionen Franken, dies bei einem Umsatz von achtzehn Millionen und Eigenkapital von acht Millionen. Gegenüber den Aktionären legt Chocolat Tobler die Pleite in Italien im Geschäftsbericht für 1970 offen und verbucht eine Sonderabschreibung von vier Millionen Franken.

Die Beispiele Stuttgart und Turin zeigen die hohen Risiken im internationalen Geschäft. Die enormen Verluste gehen einerseits auf schwierige Marktverhältnisse zurück, anderseits unterlaufen dem Berner Management bei der Führung der Auslandsgesellschaften Fehler. Insgesamt berappt das Mutterhaus in den Jahren von 1965 bis 1970 rund 30 Millionen Franken für Fehlinvestitionen und Verluste bei Auslandsfirmen. Auch für ein solide finanziertes Unternehmen wie Chocolat Tobler ist das ein grosser Betrag. Gleichzeitig fehlt dieses Geld für die planmässige Entwicklung der eigenen Marktstellung und die weitere Rationalisierung der Produktion. Zudem ist auf verlorenem

«Schlechte finanzielle Resultate» in Italien. Das dort erhältliche Toblerone-Sortiment Anfang der 1970er Jahre

Kapital keine Rendite zu erwarten. Gegen Ende der 1960er Jahre gerät Tobler dadurch in eine ungemütliche Lage, die sich in immer tieferen Renditeziffern niederschlägt.[19] So sinkt der Cashflow in Prozent des Umsatzes von 15,5 Prozent im Jahr 1961 auf 2,3 Prozent 1969.

Migros attackiert Schokoladekartell

Das Berner Stammhaus von Chocolat Tobler betreibt in den Jahren der Hochkonjunktur zwei unterschiedlich dynamische Geschäftszweige: den Heimmarkt und das schwunghafte Exportgeschäft. Der Heimmarkt steht von 1916 bis 1994 unter dem Einfluss der «Convention Chocolatière Suisse» (CCS), einem Schokoladekartell, das verbindliche Verkaufspreise und einen einheitlichen Satz für die Werbeausgaben seiner Mitglieder festlegt. Getragen wird das Kartell von Suchard, Tobler und zwei weiteren grossen Markenproduzenten, aber auch einige kleinere Firmen sind angeschlossen. Im Kampf um Absatz und Marktanteile stehen diese Firmen der «Dissidenz» gegenüber, den nicht-kartellgebundenen Firmen und den Produktionsbetrieben der Grossverteiler Migros und Coop. Seit den 1950er Jahren befindet sich der Einfluss der traditionellen Markenproduzenten im stetigen Sinkflug: 1950 stammen von zehn verkauften Schokoladen noch mehr als acht von den Kartellfirmen, Ende der 1960er Jahre ist es nur noch jede zweite. Auch bei Chocolat Tobler wächst der Umsatz in Franken deutlich schneller als die verkaufte Menge. Anders gesagt: Die Firma verliert Marktanteile und kompensiert diesen Verlust durch im Kartell abgesprochene Preiserhöhungen.

Zudem sind Detailhandel und Distribution im Umbruch. Dadurch geraten die traditionellen Kunden der Markenproduzenten in die Defensive: «Im Kreise der freien Detaillisten sind zunehmende Unruhe und Pessimismus festzustellen, was sich in einer gewissen Zurückhaltung bei der Bestellungsaufgabe ausdrückt.»[20] In den Jahren von 1968 bis 1972 steigt bei Chocolat Tobler durch das «Lädelisterben» der Anteil der Grosskunden mit einem Jahresumsatz von 10 000 Franken oder mehr von 36 auf 63 Prozent.[21] Derweil rüstet die Konkurrenz mächtig auf: Migros eröffnet 1967 eine neue Schokoladefabrik in Buchs (Kanton Aargau) und kann dank Produktivitätsgewinnen die Verkaufspreise senken. Die etablierten Produzenten haben dieser Entwicklung nur wenig entgegenzusetzen. Tobler ist nicht die einzige Firma, die in historisch gewachsenen Fabriken

Ab den 1950er Jahren geht es für die Schweizer Produzenten von Markenschokolade wieder aufwärts. Schneller wachsen aber die Hersteller der billigeren Sorten. Anzeige um 1950

Chocolat
Tobler
TOBLERONE
CHOCOLAT MI-AMER AVEC AMANDES ET MIEL
TOBLERONE
CHOCOLAT AU LAIT SUISSE AVEC AMANDES ET MIEL
SOCIÉTÉ ANONYME Chocolat Tobler BERNE SUISSE
Tobler
Teresina
Tobler
Chocolat au lait
Milchschokolade
Tobler-O-rum
DÉLICIEUX CHOCOLAT
AU LAIT-NOISETTE AVEC
RAISINS AU RHUM
Tobler
RAHM
PURE CREME
Tobler
MINT
Tobler
AMANDA
MARZIPAN
MASSEPAIN
MARZAPANE
Tobler
Tobler
SCHWEIZER
ALPENMILCH-SCHOKOLADE
MIT HASELNÜSSEN

und zu deutlich höheren Kosten produziert. Auch die vom Kartell entwickelten Pläne, die Migros mit billig produzierten Kampfschokoladen in die Schranken zu weisen, scheitern letztlich am Preisbewusstsein und an den nachhaltig veränderten Einkaufsgewohnheiten der Verbraucher.[22]

Im Export übernimmt Tobler dank der Toblerone die Spitze unter den Schweizer Herstellern. Besonders stürmisch wachsen die Umsätze in den 1950er Jahren. Um 1960 geht die Hälfte der in Bern produzierten Schokolade ins Ausland. Romantische Bilder von Überseekisten und exotischen Destinationen entsprechen allerdings nur bedingt der Realität jener Jahre: Export bezeichnet bis 1966 im Fall von Chocolat Tobler hauptsächlich den wenig spektakulären Vorgang, Toblerone von Bern nach Stuttgart zu versenden, da die dortige Verkaufsgesellschaft bis zu zwei Drittel der Exporte absetzt. Mit der Auslagerung von Toblerone und Tobler-o-rum nach Stuttgart und dem Produktionsbeginn im englischen Bedford verliert die erfolgsverwöhnte Exportabteilung von Tobler ihre wichtigsten Abnehmer. Zudem gelangt Schokolade aus dem Nichtmitglied Schweiz vergleichsweise teuer auf den europäischen Markt, da ab 1963 innerhalb der damaligen EWG die Zölle vereinheitlicht und gesenkt werden.[23] Als neue Absatzmärkte peilt Chocolat Tobler deshalb die EFTA-Staaten, Nordamerika und Japan an. Dort eröffnet die Tobler-Präsenz an der Weltausstellung 1970 in Osaka einen interessanten Markt: Tobler verkauft 1,75 Millionen Tafeln Schokolade, und Japan wird praktisch über Nacht zu einem wichtigen Exportmarkt.[24]

Insgesamt befindet sich Chocolat Tobler in den späten 1960er Jahren in einer wenig beneidenswerten Position. Die Marktstellung im Inland ist zwar beachtlich und – Kartell sei Dank – einigermassen einträglich. Aber das Wachstum findet bei Migros und anderen Billigproduzenten statt. Im Ausland entzieht die mangelhafte Rendite dem Konzern dringend benötigte Mittel. Unter diesen Voraussetzungen beginnen ab 1968 erste Überlegungen, die stolz hochgehaltene «lokalbernisch betonte Eigenheit» von Chocolat Tobler zugunsten einer Zusammenarbeit mit einem Schweizer Konkurrenten aufzugeben.

Linke Seite:
Um 1970 erreicht das Tobler-Sortiment seine maximale Grösse, anschliessend wird es gestrafft. Anzeige für die bekanntesten Tobler-Marken Anfang der 1970er Jahre

Werbung in historischem Moment: Das «Wunder von Bern» – Deutschland besiegt im WM-Finale von 1954 Ungarn mit 3:2

Als Nicht-EWG-Mitglied sucht die Schweiz Exportmärkte ausserhalb Europas: Die Toblerone an der Weltausstellung in Osaka 1970

Tobler und Suchard – zusammen und trotzdem getrennt

Die Vorgespräche mit Suchard dringen 1969 gerüchteweise an die Öffentlichkeit, sodass sich der damalige Verwaltungsratspräsident Oscar Langhart in der Generalversammlung rechtfertigen muss: «Seit einiger Zeit sind wir tatsächlich mit der Spitze von Suchard im Gespräch, das bezweckt, im Sinne eines Versuchs abzuklären, ob Möglichkeiten bestünden, dass Suchard und Tobler auf gewissen Gebieten unter Wahrung der finanziellen und geschäftlichen Unabhängigkeit zusammenarbeiten könnten.»[25] Im folgenden Jahr spricht Langhart an der Generalversammlung vom 22. April 1970 von «mehr technischen Studien», welche immer noch nicht abgeschlossen seien. Doch bereits am 2. Juni 1970 kündigt die Firma an, dass sie von der Suchard Holding übernommen wird. Die Tobler-Aktionäre erhalten im Gegenzug einen Viertel der Aktien des neu «Interfood S.A.» genannten Konzerns. Angesichts der Börsenkurse wird das Angebot als vorteilhaft eingestuft. Eine mit grossformatigen Inseraten lancierte Gegenofferte eines Berner Konsortiums findet kaum Zuspruch, so dass Interfood bereits an der ausserordentlichen Generalversammlung vom 23. September 1970 über 90 Prozent der Tobler-Aktien besitzt.

Die klaren Besitzverhältnisse täuschen darüber hinweg, dass unter den zahlreichen Kleinaktionären und Belegschaftsangehörigen von Chocolat Tobler viel Wehmut über den Verkauf der stolzen Firma herrscht. Dass die Öffentlichkeit den in der Firmenleitung eingefädelten Handel nicht nachvollziehen kann, hat einen einfachen Grund: Selbst für damalige Begriffe hat Chocolat Tobler immer nur äusserst zurückhaltend über

Gérard F. Bauer

Gérard F. Bauer – Wirtschaftsdiplomat und Politiker

Der aus Neuenburg stammende Jurist Gérard F. Bauer (1907–2000) gilt als ein Pionier der schweizerischen Wirtschaftsdiplomatie. Nach seinem Berufseinstieg als Anwalt arbeitet er in den 1930er Jahren für das Eidgenössische Volkswirtschaftsdepartement und den Wirtschaftsdachverband «Vorort». Von 1938 bis 1945 sitzt er für die Freisinnigen in der Neuenburger Stadtregierung, von 1941 bis 1945 auch im Kantonsparlament. Ab 1945 ist Bauer als Diplomat in Paris tätig, wo er unter anderem die Beziehungen der Schweiz zur OEEC/OECD pflegt. 1958 kehrt Bauer zurück in die Schweiz, um den Vorsitz des Dachverbandes der Uhrenindustrie zu übernehmen. Ab 1960 ist er Mitglied und ab 1962 Präsident des Verwaltungsrats der Suchard Holding. Bauer bleibt bis 1979 an der Spitze von Interfood. Als Präsident besänftigt er mit seinem diplomatischen Geschick die im Hause Interfood aufbrechenden Konflikte. Allerdings werden durch diese Konsenskultur dringende Entscheide immer wieder aufgeschoben. An einmal eingegangenen Beteiligungen hält Interfood fest, auch wenn diese nicht den gewünschten Erfolg bringen. Stattdessen werden langwierige Verhandlungen geführt, um ein drohendes «Ende mit Schrecken» zu vermeiden. Als Bauer 1979 aus dem Verwaltungsrat austritt, wird er zum Ehrenpräsidenten der Gesellschaft ernannt. Zusammen mit Nachfahren der Familie Suchard, Geschäftsfreunden und schweizerischen Banken gründet er die Vereinigung «Tradition Suchard-Tobler» mit dem Ziel, die schweizerische Identität von Interfood zu wahren.[27]

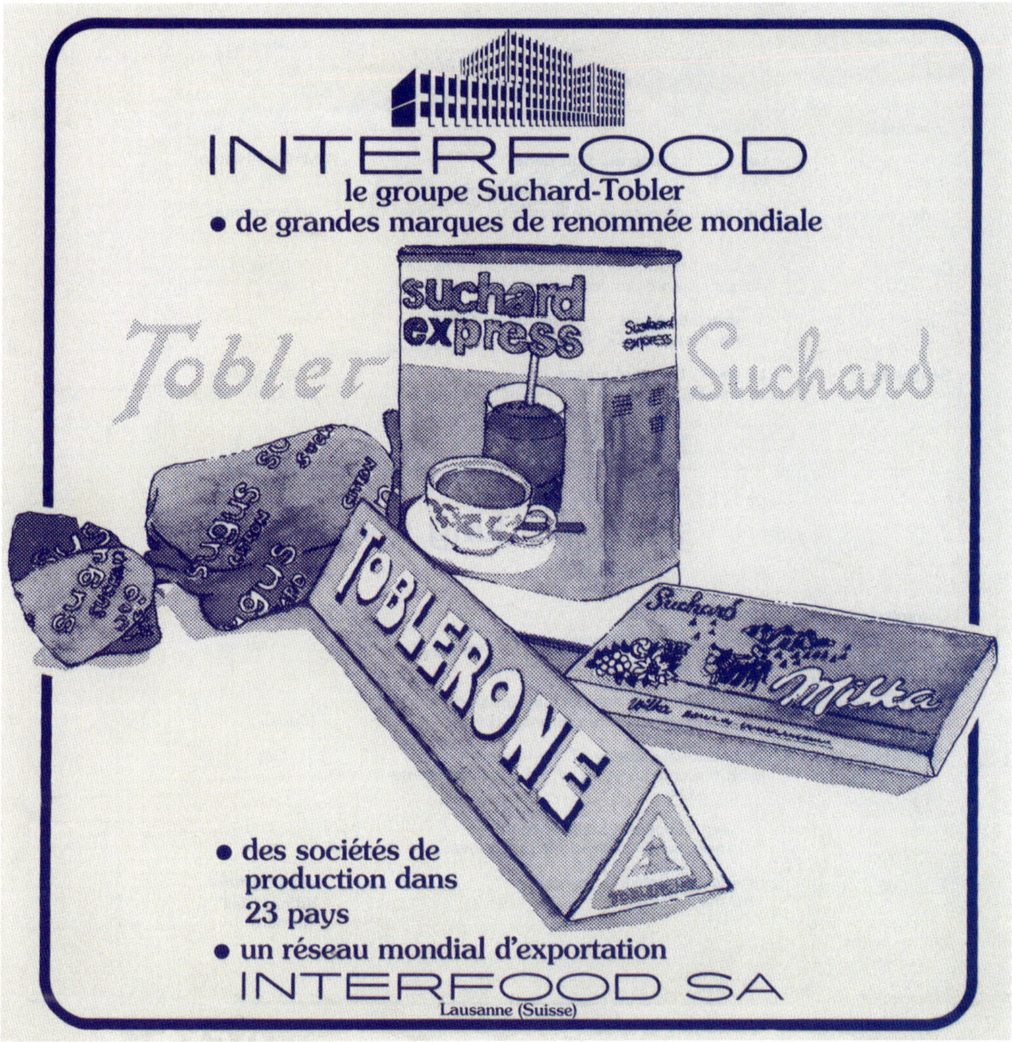

Nach der Fusion mit Suchard gehört die Toblerone zu einem Sortiment, das rund 40 Produkte – von Tafelschokolade über Frühstücksgetränke bis zu Kaubonbons – umfasst. Anzeige von 1980

den Geschäftsgang informiert. Dadurch steht das Unternehmen nach aussen grundsolide da, während hinter den Kulissen die Sorge über die Zahlen und die sich rasant wandelnden Märkte das damalige Management zum unpopulären Schritt treiben.

Unter dem Dach von Interfood führen die beiden Gesellschaften Suchard und Tobler ein weitgehendes Eigenleben, da aus lokalpolitischen und steuerlichen Rücksichtnahmen auf eine vollständige Fusion verzichtet wird. Sowohl Tobler als auch Suchard verfügen über einen voll besetzten Verwaltungsrat und veranstalten weiterhin Generalversammlungen. In der Schweiz treten die beiden Stammhäuser in Neuchâtel und Bern als Konkurrenten mit einem eigenen Vertreternetz auf. Die Zentrale in Lausanne übernimmt vorerst lediglich die Führung aller Auslandsgesellschaften und fasst das umfangreiche Exportgeschäft aus der Schweiz in der neu gegründeten «Multifood AG» zusammen.

An der Spitze des Interfood-Verwaltungsrates steht mit Gérard F. Bauer ein ehemaliger Diplomat. Und diplomatisches Geschick kann er in seinem Amt durchaus gebrauchen, da der Verwaltungsrat in verschiedene Lager zerfällt: einer-

Wilde Diversifikationsstrategie im Lebensmittelbereich. Anzeige von 1979

seits die Repräsentanten des französischen Aktionärs Chocolat Poulain, der über 40 Prozent der Stimmrechte an Interfood kontrolliert, dann die Vertreter des Suchard Stammhauses und jene von Chocolat Tobler in Bern.[26] Zudem stehen mit René Béglé und Jean Bès gleich zwei Delegierte des Verwaltungsrates an der Spitze der Geschäftsleitung.

Die Strategie der neu vereinigten Gesellschaften kommt in den ersten Jahren seltsam diffus daher. Angesichts schwindender Margen, des Konkurrenzdrucks und der Sättigungstendenzen beim Schokoladekonsum soll der Konzern unter dem Schlagwort «Diversifikation» dank neu entwickelten Produkten oder zugekauften Firmen wachsen. Die Firma Suchard hat in dieser Hinsicht bereits gute Erfahrungen gemacht: Seit 1931 stellt sie erfolgreich das Kaubonbon Sugus her, 1964 folgt das Schokoladegetränk Suchard Express.

Salzgebäck, Diätprodukte und Poulets – viele ungleiche Töchter

Interfood erzielt im ersten Geschäftsjahr einen konsolidierten Umsatz von 723 Millionen Schweizer Franken. Mit Stolz werden die Tochtergesellschaften und Lizenznehmer im Geschäftsbericht aufgelistet: Interfood ist mit 16 Produktions- und Verkaufsfirmen und sieben Lizenzbetrieben in Europa, Nord- und Südamerika, Australien und Südafrika präsent. Bis 1981 kann Interfood den Umsatz auf 1529 Millionen Franken mehr als verdoppeln, die Zahl der Konzerngesellschaften steigt auf 25, diejenige der Lizenznehmer auf elf.

Grundsätzlich mischt sich die Leitung von Interfood möglichst nicht in die Geschäftsvorgänge ihrer Töchter ein. Der Geschäftsbericht 1971 führt aus, dass den Gesellschaften ein Maximum an Initiative und Selbstständigkeit belassen werde, um einer unbeweglichen und zentralistischen Organisationsform vorzubeugen. Während die Tochtergesellschaften ihre eigenen Wege gehen, berät der Verwaltungsrat über neue Diversifikationsmöglichkeiten und kauft Firmen, die nichts mit Toblerone oder Milka – dem Spitzenprodukt aus dem Hause Suchard – zu tun haben. Die Sitzungen des Verwaltungsrat-Ausschusses von Interfood befassen sich fast permanent mit diesen Tochtergesellschaften, obwohl sie nur einen verschwindend kleinen Anteil am Konzernumsatz ausmachen: Bis 1980 erreicht der «nicht-süsse» Anteil lediglich sechs Prozent oder 87 Millionen Franken. Die Übersicht auf Seite 47 zeigt die wichtigsten Investitionen dieser Periode.

Die in ganz Europa zusammengekauften Betriebe haben wenig gemeinsam, ausser ihrer schlechten Rendite. Die französische Geflügelmetzgerei Tuvomon ist ein typisches Beispiel. Bereits die Geschäftsidee ist reichlich komplex: Die Firma kauft in der französischen Provinz Poulets auf, schlachtet diese und exportiert sie tiefgekühlt in den Mittleren Orient. Im Jahr 1976 liefert der Betrieb ein gutes Resultat, für 1977 und 1978 ist von einer ausgeglichenen Rechnung die Rede, 1979 und 1980 bereits von einem nicht genauer bezifferten Verlust. Im Geschäftsbericht für 1981 wird darüber nachgedacht, die unrentable Firma zu verkaufen oder zu schliessen. Zwar budgetiert Tuvomon für 1981 rund 50 Millionen Schweizer

Franken Umsatz, unzureichende Tiefkühlkapazitäten führen jedoch zu Qualitätsmängeln. Als die Presse in den Empfängerländern darüber berichtet, bricht der Absatz ein und die Firma muss tonnenweise Hühner vernichten oder zu verlustbringenden Schleuderpreisen absetzen.[28] Die finanziellen Risiken dieser maroden Gesellschaft für den Konzern sind erheblich, da Interfood nicht nur 5,5 Millionen Franken direkt investiert hat, sondern zusätzlich für Kredite von rund 13 Millionen bürgt.[29] Die Verantwortlichen bei Interfood sind erleichtert, als sie die Firma Ende Mai 1982 für weniger als 400 000 Franken an einen Investor aus Kuwait loswerden.

Firmenzukäufe der Interfood AG

Jahr	Firma	Tätigkeit/Produkte
1971	Ritz AG, Laupen	Salzgebäck, Patisserie
1972	Novotel SA, Fribourg	Hotelbeteiligungen
	Andrey SA, Bulle	Diätprodukte
1973	Finalima SA, Casatejada/Spanien	Gemüseanbau
1974	Conserveries du Laïta, Fouesnant/Frankreich	Konserven, Tiefkühlgerichte
1976	Tuvomon SA, Fougères/Frankreich	Produktion/Handel mit Tiefkühlgeflügel

Geografie der Toblerone-Standorte

Neben diesen eher skurril anmutenden Investitionen in neue Geschäftsfelder verfolgt Interfood den Ausbau seiner Stellung auf dem Schokolademarkt. In der ersten Phase nach der Übernahme von Chocolat Tobler steht dabei auch die Ausbreitung der Toblerone-Produktion in den europäischen Suchard-Standorten im Vordergrund. Bereits 1970 wird eine Lizenz an die Firma Josip Kras in Zagreb vergeben, die ab 1971 Toblerone herstellt. Nicht ohne Stolz verweist der verantwortliche Manager darauf, dass man mit diesem Abschluss einem grossen Schweizer Wettbewerber zuvorgekommen sei.[30] 1972 produzieren auch die Suchard-Gesellschaften in Österreich, Spanien und Argentinien das süsse Dreieck. Ab 1976

Zahlreiche Toblerone-Produktionsstätten – zum Beispiel in Bludenz in Österreich

In Australien wird Toblerone in den 1970er Jahren von einem Lizenznehmer in Melbourne hergestellt. Die Reklametafel vor dem Ayers Rock ist jedoch nur eine Fotomontage aus den 1990er Jahren

betreibt der Lizenznehmer «Du Lac SpA» die Suchard-Fabrik in Varese und stellt dort auch sehr erfolgreich Toblerone her.[31] Als letzte Standorte kommen 1978 São Paulo und Mexiko City hinzu. 1979 wird Toblerone in neun europäischen und vier überseeischen Staaten produziert.[32]

Der Weg der Toblerone von Bern in die weite Welt erreicht Ende der 1970er Jahre seinen Wendepunkt. Fortan sind auch Konzentrationsbestrebungen zu erkennen. Im Gegensatz zur Zwischenkriegszeit oder zu den 1960er Jahren geht es nun nicht mehr darum, durch Produktionsstätten in

In Österreich werden Fabrikation und Verkauf der Toblerone in einer 1975 erworbenen Firma in Grödig bei Salzburg zusammengelegt. Toblerone-Verpackung in Österreich aus den 1970er Jahren

möglichst vielen Ländern Zoll- und Devisenschranken zu überwinden. Die Weiterentwicklung der Europäischen Gemeinschaft, die Freihandelsbestrebungen innerhalb des GATT (General Agreement on Tariffs and Trade, gegründet 1949) und auch das Freihandelsabkommen der Schweiz mit der EWG (Europäische Wirtschaftsgemeinschaft, gegründet 1957) von 1972 bringen diese Probleme zum Verschwinden und ermöglichen stattdessen die Konzentration an wenigen Standorten. Auch das Anfang 1976 in Kraft tretende «Bundesgesetz über die Ein- und Ausfuhr von Erzeugnissen aus Landwirtschaftsprodukten» – im Volksmund «Schoggi-Gesetz» genannt – verbessert die Konkurrenzfähigkeit der Schweizer Industrie, indem es ihr auf exportierte Endprodukte einen Teil der Mehrkosten zurückerstattet, die durch den Verbrauch schweizerischer Rohstoffe (Milchpulver, Zucker) entstehen.

1975 stellt die traditionsreiche Tobler-Fabrik in Bordeaux den Betrieb ein, neu produziert das Suchard-Werk Strassburg nun auch Toblerone. In Österreich werden Fabrikation und Verkauf von Toblerone in der 1975 erworbenen Firma «Mirabell» in Grödig bei Salzburg zusammengelegt. 1976 schliesst Suchard seine englische Fabrik und konzentriert die Fabrikation am Tobler-Standort in Bedford. Als Ende 1979 die langjährige Lizenzvereinbarung mit einem irischen Hersteller ausläuft, beliefert Bedford ab 1980 auch Irland mit Tobler-Produkten. 1982 wird Stuttgart zum Produktionszentrum für Toblerone in Deutschland, Frankreich und den Beneluxstaaten. Alle anderen Produkte werden nach Lörrach verlagert.

Das Ende der Gemütlichkeit

Ende der 1970er Jahre sind bei Interfood die Zeiten der immer weiter fortschreitenden Diversifikation und des Nebeneinanders der Gesellschaften vorbei. Einerseits hat die schroffe Rezession der Jahre 1974 bis 1976 die Erstarrung und Anfälligkeit der gesamten Schweizer Industrie deutlich aufgezeigt. Andererseits wächst in den Gremien von Interfood der Frust über die zu langsame Entwicklung des Konzerns. Der Wandel schlägt sich in den Führungspositionen nieder: Ab Ende 1977 wird Jörg von Wyss als neuer Generaldirektor eingearbeitet, und die beiden Delegierten Béglé und Bès wechseln in Stabsfunktionen. Als 1979 Gérard Bauer das Präsidium des Verwaltungsrates abgibt, tritt der Tessiner Nello Celio seine Nachfolge an. Einen ersten Schritt auf dem Weg zu vereinfachten Strukturen und niedrigeren Kosten setzt Gérard F. Bauer noch vor seinem Rücktritt durch: Per 1. Januar 1979 wird die Leitung aller Schweizer Produktionsgesellschaften in der Suchard-Tobler AG zusammengefasst, deren Personal allerdings aus politischen Rücksichtnahmen zwischen Bern und Neuchâtel aufgeteilt wird. Das Duo Celio/von Wyss bereitet derweil die nächsten Investitionen vor, wobei eine neue Strategie verfolgt wird. Bisher hat Interfood im Ausland einzelne, oft wenig leistungsfähige Fabriken betrieben oder

Der Konzentrationsprozess beginnt: In Frankreich wird die Toblerone-Herstellung 1975 von Bordeaux ins Suchard-Werk bei Strassburg (Bild) verlegt

Nello Celio

Nello Celio – zuerst Bundesrat, dann 60-facher Verwaltungsrat

Der aus Quinto im Kanton Tessin stammende Nello Celio (1914–1995) ist ein Mann mit vielen Talenten. Fliessend dreisprachig und volksnah, aber auch äusserst kompetent in Finanz- und Wirtschaftsfragen, erreicht er in seiner Karriere die höchsten Positionen in Politik und Wirtschaft. Er studiert an den Universitäten Basel und Bern Rechtswissenschaften und erlangt 1937 den Doktortitel. Bald darauf beginnt Celios politische Laufbahn in seinem Heimatkanton. Ab 1939 sitzt er für die Tessiner Freisinnigen im Kantonsparlament in Bellinzona. Mit 32 Jahren zieht er in die Kantonsregierung ein und übernimmt das Bau- und Militärdepartement. In seiner zwölfjährigen Amtszeit befasst sich Celio besonders mit Energiepolitik und Infrastrukturprojekten, welche viel zur wirtschaftlichen Entwicklung des Tessins beitragen. Nach seinem Rücktritt als Regierungsrat führt er von 1960 bis 1964 als Präsident die Freisinnig-Demokratische Partei der Schweiz. Als 1966 der Waadtländer FDP-Bundesrat Paul Chaudet über die massiven Kostenüberschreitungen beim Kauf der «Mirage»-Kampfflugzeuge stolpert, kandidiert der seit 1963 im Nationalrat sitzende Celio für dessen Nachfolge. Gegen ihn spricht das ungeschriebene Gesetz, dass der Kanton Waadt seit der Gründung der modernen Schweiz immer einen Bundesrat stellt. Aber Celio gilt nicht nur als ausgewiesener Wirtschaftsfachmann, sondern auch als sozial, sodass er seine Konkurrenten bereits im ersten Wahlgang hinter sich lässt und am 14. Dezember 1966 in die Landesregierung einzieht. Nach einem kurzen Gastspiel im Militärdepartement wird Celio im Sommer 1968 Finanzminister und behält dieses Amt bis zu seinem Rücktritt aus dem Bundesrat Ende 1973. Danach widmet er sich seinen mehr als 60 Verwaltungsratsmandaten, unter anderem bei der Schweizerischen Kreditanstalt, der Alusuisse und den italienischen Konzernen Fiat und Pirelli. Bei Interfood übernimmt er 1979 das Steuer und bleibt bis 1984 Verwaltungsratspräsident der Gesellschaft.[33]

unsystematisch Lizenzen vergeben, und statt auf diese Weise die Kräfte weiter zu verzetteln, sollen sie künftig gebündelt werden und grössere Produktionseinheiten Geld in die Interfood-Kassen bringen.

Ein wichtiges Ziel der neuen Strategie ist der nordamerikanische Markt, in dem Interfood bis anhin nur durch eine kleine Verkaufsgesellschaft präsent ist. Im Sommer 1979 wird in einem Planspiel der mögliche Investitionsrahmen festgelegt: Bis zu 82 Millionen Schweizer Franken könnten für die Übernahme einer Firma in den USA ausgelegt werden.[34] Der Kauf des Zuckerwarenherstellers «Andes Candies» im Juli 1980 kostet Interfood rund 30 Millionen Franken.[35] Gleichzeitig wird in Belgien die Übernahme der traditionsrei-

Eigenkapitalquote der Interfood AG in Prozent	1970	1971	1972	1973	1974	1975	1976	1977	1978	1979	1980	1981
	50,3	51,1	49,8	47,6	42,8	41,8	43,9	43	41,7	41,2	33,7	29,3

Ab 1992 kommen alle Toblerone-Produkte aus dem Werk in Bern-Brünnen. Bauarbeiten an der 1985 eingeweihten Fabrik

chen Schokoladefirma «Callebaut» angestrebt, die im April 1981 für 36 Millionen Franken abgeschlossen wird.[36]

Das nächste Grossprojekt steht in der Schweiz an: der Neubau einer leistungsfähigen Schokoladefabrik im Westen der Stadt Bern. Ende Oktober 1980 informiert Generaldirektor von Wyss den Verwaltungsrats-Ausschuss von Interfood erstmals über das Projekt, das eine jährliche Kostenersparnis von sechs Millionen Franken bringen soll. Zudem kann Suchard-Tobler den Bau ohne Hilfe von Interfood finanzieren, da ein grosser Teil der Investitionen durch den Verkauf der bestehenden Tobler-Liegenschaften aufgewogen wird.[37] Die Produktion soll nach Artikeln zwischen Bern (16 500 Tonnen, Toblerone, massive Tafeln, Kakaopulver) und Neuenburg (8500 Tonnen, gefüllte Tafeln, Sugus, Stückartikel) aufgeteilt und der Personalbestand von insgesamt 1085 auf 925 Personen gesenkt werden.[38] Einigkeit herrscht auch darüber, dass die Beibehaltung von zwei Produktionsstätten keine Ideallösung ist. Aber es gelte eben auch, die freundschaftlichen Beziehungen zu den Kantonen Bern und Neuenburg aufrechtzuerhalten.[39]

Angesichts der grossen Investitionen herrscht Ebbe in den Kassen von Interfood. Der Verkauf von stimmrechtslosen Partizipationsscheinen

Investition in Kunst am Bau: die Figur «Orion» schuf Robert Jacot-Guillarmod für Suchard-Tobler

Klaus J. Jacobs

Klaus J. Jacobs – Unternehmer auf vielen Gebieten

Eigentlich will der 1936 in Bremen geborene Klaus J. Jacobs nach seinem Abitur 1955 gerne Geschichte studieren.[44] Aber sein Vater Walther J. Jacobs hat andere Pläne: Sein Sohn soll das Handelsgeschäft von der Pike auf erlernen und so auf die Nachfolge im Familienunternehmen vorbereitet werden. Die Stationen dieser Ausbildung sind nebst verschiedenen Abteilungen innerhalb der Firma Jacobs auch eine Handelsbank in Hamburg und Kaffeeplantagen in Kolumbien, Costa Rica, El Salvador und Guatemala, wo Jacobs seine erste Firma gründet. 1970 übernimmt er von seinem Vater die Geschäftsleitung von Joh. Jacobs & Co. und schlägt einen entschiedenen Wachstumskurs ein. 1976 zieht das Bremer Traditionsunternehmen rechtlich gesehen von der Weser an die Limmat. Doch nicht nur das Unternehmen zieht in die Schweiz, auch dessen Besitzer: Die Geschwister Bärbel, Klaus, Petra und Jens lassen sich zwischen 1973 und 1976 am Zürichsee nieder. Durch die Fusion von Jacobs und Interfood wird Klaus Jacobs in seiner Wahlheimat zu einem der bekanntesten Unternehmer. Er erwirbt die Schweizer Staatsbürgerschaft und lernt Schweizerdeutsch, stösst aber dennoch mit seinen Aktionen öfter auf helvetisches Unverständnis. Zum Beispiel 1987, als er die Lenzburger Konservenfabrik «Hero» übernehmen will und damit einen Sturm der Entrüstung auslöst. Besonders hart urteilen Presse und Öffentlichkeit beim Verkauf von Jacobs Suchard an Philip Morris im Jahr 1990. Jacobs bleibt auch nach dem Ausstieg bei Jacobs Suchard ein Unternehmer. Einen grossen Teil des Verkaufserlöses investiert er 1991 in die Schweizer Zeitarbeitsfirma Adia, die er 1996 mit der französischen Ecco zum Konzern «Adecco» verschmilzt. Auch die bei der Übernahme aus Jacobs Suchard herausgelösten Firmen entwickelt Jacobs weiter: Der in Zürich ansässige Konzern «Barry-Callebaut» ist Weltmarktführer bei der Verarbeitung von Kakao und Herstellung von Industrieschokolade.

Jacobs lebt heute auf seinem Landsitz Newsells Park in der Nähe von Oxford. Dort züchtet er Rennpferde und widmet sich vor allem philanthropischen Projekten.

über die Börse im Februar 1981 ist nur ein Tropfen auf den heissen Stein, da schon neue Finanzbegehren anstehen: Die Gesellschaften in Argentinien und Brasilien benötigen neues Kapital, in Belgien und Deutschland verursachen Restrukturierungen und Entlassungen hohe Sonderkosten, die maroden Diversifikationsgesellschaften sollen verkauft und in der Bilanz abgeschrieben werden. Doch die Investitionen der letzten Jahre konnten sich noch gar nicht auszahlen. Der Eigenkapitalanteil in der Konzernbilanz sinkt über die Jahre stetig, sodass keine weiteren Kredite mehr aufgenommen werden können, bevor nicht neues Aktienkapital in die Firma fliesst.[40]

Doch gerade gegen diese Massnahme sperren sich seit Jahren die französischen Aktionäre der Familie Midy, die mit lediglich 22 Prozent des Kapitals über 45 Prozent der Stimmrechte bei Interfood kontrollieren.[41] Als im Oktober 1981 das Investitionsbudget für die kommenden drei Jahre beraten wird, verfügt Interfood bereits über keinen finanziellen Spielraum mehr. Immerhin zeigt der Konzernabschluss erstmals seit 1977 wieder einen geringen Anstieg des Cashflows. Ähnlich tönt es auch im Mai 1982: «La situation actuelle de nos disponibilités ne nous permettrait pas de procéder à l'acquisition d'une affaire intéressante que nous aurions l'opportunité de reprendre sans avoir à nouveau recours à un relais bancaire.»[42] Oder deutsch und deutlich: Ohne Bankkredite kann Interfood keine weiteren Übernahmen tätigen.

Zähes Ringen um den Deal mit Jacobs

In dieser Situation tritt Klaus J. Jacobs auf den Plan. Dessen Vater hat bereits 1976 seine Bremer Kaffeegruppe in eine Holding in der Steueroase

Kaffeegigant Jacobs übernimmt 1982 die Interfood-Gruppe

Zug eingebracht. Schon 1977 berät Jacobs mit Gérard Bauer, dem damaligen Verwaltungsratspräsidenten von Interfood, über eine mögliche Fusion beider Konzerne. Doch die erhoffte Zusage aus Lausanne bleibt aus. Zwar anerkennen die Verwaltungsräte, dass die Jacobs AG grösser und vor allem rentabler ist als ihr eigenes Unternehmen. Hingegen bestehen Befürchtungen, dass mit dem deutschen Hauptaktionär, auch wenn dieser in der Schweiz niedergelassen ist, die oft beschworene Schweizer Identität von Interfood endgültig verloren ginge. Handfester sind die Bedenken der französischen Aktionäre: Diese wehren sich kategorisch gegen jede Verwässerung ihres Einflusses.[43] Gegen diese Widerstände ist das Vorhaben vorerst chancenlos.

Vier Jahre später klopft Klaus Jacobs bei der französischen Familie Midy an, da er ohne deren Stimmen die Fusion mit Interfood nicht realisieren kann. Zudem bestehen auch Kontakte mit Interfood-Verwaltungsrat Heinz Winzenried, dem als Vertreter der Tobler-Interessen ebenfalls daran liegt, den französischen Einfluss bei Interfood zu überwinden und den Konzern aus der Blockade zu führen. Die Verhandlungen erreichen im Sommer 1982 ihren Höhepunkt, und es gelingt Jacobs, nach den französischen Aktionären auch den Verwaltungsrat von Interfood von seinem Plan zu überzeugen.

Die Vorteile für Jacobs liegen auf der Hand: Die Firma wird durch die Fusion mit Interfood an der Börse eingeführt, der Wert der Jacobs AG steigt mit einem Schlag um mindestens ein Drittel, und auch bei den Dividenden soll dank Synergien mehr Geld an die Jacobs-Familie fliessen. Grösster Vorteil für Klaus Jacobs ist jedoch, dass er mit

Klaus J. Jacobs (links) bei einem Treffen mit seinen Verwaltungsräten im Jahr 1988

Rechte Seite:
Jacobs konzentriert die Marketinganstrengungen auf seine stärksten Marken – und vernachlässigt dabei die Toblerone. Anzeige von 1988

seinen Geschwistern 56 Prozent des Kapitals und über 70 Prozent der Stimmen an Interfood halten wird.[45]

Für Interfood dagegen sieht die Gesamtbilanz der Fusion durchwachsen aus: Zwar übernimmt rein rechtlich gesehen Interfood die Jacobs AG, die Kontrolle über das neue Gebilde liegt aber bei Jacobs. Zudem erhalten die Interfood-Aktionäre lediglich ein Viertel der neuen Gesellschaft.[46] Gleichzeitig ist die Jacobs AG aber deutlich rentabler und würde Interfood aus dem momentanen Ertragstief helfen. So sieht es auch die «Neue Zürcher Zeitung»: «Der relativ solide Substanzwert der Interfood bildet wohl eine gesunde mittel- und langfristige Geschäftsgrundlage, ist aber für renditebewusste Aktionäre nicht zu materialisieren.»[47] Die Argumentation überzeugt die Aktionäre von Interfood, sodass die ausserordentliche Generalversammlung vom 17. September 1982 der Fusion mit Jacobs ohne nennenswerten Widerstand zustimmt. Die erste Reaktion der Börse auf den Deal ist ungnädig: Da die Anzahl der frei handelbaren Aktien durch das Jacobs-Paket nur noch unbedeutend ist, stürzen die Interfood-Titel um über 17 Prozent ab.

Im Februar 1983 wird der neue Konzern von Interfood in Jacobs Suchard AG umbenannt. Im Logo der neuen Firma wird auch der Marke Tobler gedacht, besteht dieses doch aus den drei übereinandergelegten Buchstaben J, S und T. Der Name spiegelt die neue Strategie: Anstelle von undefinierbarer Diversifikation soll nun die Konzentration auf Kaffee und Schokolade treten. Zur grossen Enttäuschung des Westschweizer Establishments wird bereits 1984 der Hauptsitz von Lausanne nach Zürich verlegt. Im selben Jahr tritt Verwaltungsratspräsident Nello Celio aus Altersgründen zurück und Klaus J. Jacobs seine Nachfolge an.

Neue Entschlossenheit

Jacobs geniesst im neuen Konzern eine Machtfülle, wie sie nicht einmal zu Zeiten Theodor Toblers bestanden hat. Der Expansionsdrang der folgenden Jahre ist vor allem vor dem Hintergrund der europäischen Einigung und der zunehmenden Integration der Weltwirtschaft zu sehen. Im vereinten Markt Europa werden nach damaliger Einschätzung nur die Grössten bestehen. Als «übernahmesichere» Gesellschaft mit exzellenten Bankverbindungen besitzt Jacobs Suchard gute Voraussetzungen, den Konsolidierungsprozess nicht nur zu überleben, sondern zu gestalten. Doch dazu muss erst Ordnung im eigenen Haus geschaffen werden.

TOBLERONE
Milka
Bolero
JACOBS
NIGHT
&DAY
BRACH'S
JACOBS
ESPRESSO
Mastro
Lorenzo
Milka
I ♥ MILKA
Cote d'Or
JACOBS
CAFÉ
MOULU
CARTE
NOIRE

Das Toblerone-Sortiment in Grossbritannien in den 1970er-Jahren

In den Geschäftsjahren 1983 und 1984 verfolgt Jacobs einige Projekte aus der Ära Interfood weiter, allerdings mit einer bisher unbekannten Radikalität. Der Standort Stuttgart wird endgültig geschlossen und die Toblerone-Produktion nach Lörrach verlegt. In der Schweiz konzentriert Jacobs alle Aktivitäten in Bern und Neuenburg und legt die Vertreterstäbe von Suchard und Tobler zusammen. Die Ländergesellschaften in Südamerika werden verkauft oder gründlich restrukturiert. Bereits in den ersten Jahren nach der Fusion wächst Jacobs Suchard kräftig und kann den Gewinn regelmässig steigern. Von 1982 bis 1985 wird die Belegschaft um fast 3000 Mitarbeiterinnen und Mitarbeiter auf 9260 reduziert, und immer weniger Menschen produzieren immer rationeller.

Durch eine grosszügige Kapitalerhöhung beschafft sich Jacobs Suchard 1985 die Mittel für bedeutende Firmenübernahmen: 1986 wird der

Jacobs verjüngt die Marke Tobler mit einem neuen Design. Auf die Toblerone-Verpackung kommt 1987 ein Signet, das den «Gipfel des Genusses» symbolisiert

Immer wieder das Matterhorn: Toblerone-Werbung von 1998

Kakaoverarbeiter Van Houten übernommen und im Jahr darauf der Süsswarenhersteller Brach. Allein Letzterer verfügt über 3700 Angestellte und fünf Werke in den USA, und Jacobs Suchard wird durch die 1,2 Milliarden Franken teure Übernahme mit einem Schlag zur «Nummer 3» auf dem nordamerikanischen Süsswarenmarkt. Noch im selben Jahr übernimmt Jacobs Suchard zudem den italienischen Toblerone-Lizenznehmer Du Lac SpA und die belgische Schokoladefirma Côte d'Or. Der Umsatz des Süsswarenbereichs übertrifft danach deutlich denjenigen des Kaffeegeschäfts.

Als krönenden Abschluss der Einkaufstour plant Jacobs Suchard 1988 die unfreundliche Übernahme der britischen Firma Rowntree, Herstellerin so berühmter Produkte wie Smarties, After Eight oder KitKat. Doch das Vorhaben ruft einen finanziell ungleich potenteren Wettbewerber auf den Plan: den weltgrössten Nahrungsmittelkonzern Nestlé. Während sich die britische Presse und die Bevölkerung lautstark hinter Rowntree und dessen Management stellen, liefern sich die Schweizer Konzerne ein wochenlanges Bietergefecht, an dessen Ende Nestlé zwar Smarties und KitKat besitzt, Jacobs Suchard aber seine aufgekauften Rowntree-Aktien mit einem Gewinn von 457 Millionen Franken an die Schweizer Kollegen abtritt.

Einen Teil dieses Geldsegens investiert Jacobs Suchard in die «Vision 2000»: Für 200 Millionen Franken soll die Zahl der europäischen Produktionsstätten auf fünf reduziert werden, von denen jede auf eine Produktgruppe spezialisiert ist. Die Vision ist die industrielle Fortsetzung eines radikal angepassten Marketingkonzeptes, das voll auf die Zugkraft der bekanntesten Marken im Konzern setzt. Die Toblerone wird in dieser Of-

Noch eine Firmenübernahme: 1990 kauft Philip Morris den Jacobs-Suchard-Konzern und gliedert ihn der Lebensmitteltochter Kraft Foods ein. Kraft Foods-Deutschlandzentrale in Bremen

fensive aber vernachlässigt, da Jacobs Suchard davon ausgeht, die dreieckige Schokolade sei ohnehin schon weltweit bekannt. Hingegen löst der Konzern für Milka eine beispiellose lila Propagandawelle aus: Der Aufwand für Werbung und Verkaufsförderung steigt 1988 auf 982 Millionen Franken an. Jacobs Suchard gibt erstmals mehr Geld für Werbung aus als für die Löhne und Sozialleistungen der gesamten Belegschaft zusammen. Bei der amerikanischen Tochter Brach hingegen scheitert das in Europa erfolgreiche Marketingkonzept. Die Kunden goutieren den überstürzt eingeleiteten Kahlschlag im Sortiment nicht, und Brach schreibt 1989 einen Verlust von umgerechnet 75 Millionen Franken. Dadurch sinkt bei Jacobs Suchard zum ersten Mal seit 1982 der Reingewinn.

Philip Morris – Globalisierung einmal andersherum

Persönlich steckt Konzernchef und Mehrheitsaktionär Jacobs damals finanziell in der Zwickmühle. Im Mai 1989 hat er seine Geschwister ausgezahlt und kann seither über die Familienholding und das Mehrheitspaket an Jacobs Suchard frei bestimmen. Allerdings zahlt er dafür einen sehr hohen Preis: Seine Schulden steigen auf über 700 Millionen Franken, und zwischen Dividenden und Zinsen klafft ein Loch von jährlich 30 Millionen. Er ist zudem nicht mehr in der Lage, an zukünftigen Kapitalerhöhungen teilzunehmen, sodass er die Stimmenmehrheit am Konzern mittelfristig verlieren wird. In dieser Situation entscheidet sich Klaus J. Jacobs für die Radikalvariante und verkauft 1990 sein gesamtes Aktienpaket für 3,4 Milliarden Franken an den amerikanischen Konsumgüterkonzern Philip Morris mit Hauptsitz in New York. Gleichzeitig übernimmt Jacobs für 456 Millionen Franken die Firmen Brach, Callebaut, Nabob und Van Houten in sein privates Portfolio und löst für eine Milliarde Franken die Schulden dieser Gesellschaften bei Jacobs Suchard ab. Insgesamt legt der Konzern Philip Morris, der auch den übrigen Aktionären ein Übernahmeangebot macht, 5,4 Milliarden Franken auf den Tisch, um sich die Markenkollektion von Jacobs Suchard zu sichern.[48]

Die Reaktionen auf den Verkauf fallen zum Teil scharf aus. Der Handel zwischen Jacobs und Philip Morris ist die erste Übernahme eines schweizerischen Grosskonzerns durch eine ausländische Firma, und er zeigt, dass auch die damals noch weit verbreiteten Stimmrechtsaktien keinen völligen Schutz gegen eine solche Transaktion bilden. Dass es sich bei Jacobs Suchard nicht um irgendeine Firma handelt, sondern um die Herstellerin einiger der wohl bekanntesten Schweizer Markenprodukte, macht die Angelegenheit noch brisanter. Die Boulevardpresse sieht die Schweizer Identität in ihren Grundfesten erschüttert: «Jacobs hat uns da etwas eingebrockt, über das wir kaum hinwegkommen werden. Von den drei typisch schweizerischen Wahrzeichen hat er uns, vergleichbar einem Finger der eidgenössischen Schwurhand, eines glatt abgehauen. Mit was sollen wir denn in der Zukunft im Ausland renommieren, wenn nicht mehr mit der süssesten Ware der Welt, der Schoggi? Nur noch mit Uhren und Käse?»[49] Auch aus finanziellem Blickwinkel wird Jacobs scharf kritisiert, da er für seine Aktien einen deutlich höheren Preis erhalten hat, als Philip Morris den Publikumsaktionären anbietet. Aus heutiger Sicht ist der damalige Verkauf immer noch spektakulär, allerdings sind seitdem weitere Schweizer Unternehmen und Traditionsmarken in ausländische Hände übergegangen. Die schweizerische Öffentlichkeit hat sich notgedrungen daran gewöhnt, dass Globalisierung auch umgekehrt funktioniert und die eigenen Konzerne nicht immer auf der Käuferseite stehen.

Der Tabakmulti Philip Morris integriert den erworbenen Jacobs-Suchard-Konzern in seine Nahrungsmittelgruppe Kraft. Nach mehreren Umstrukturierungen, Fusionen und Ausgliederungen ist die heutige Kraft Foods seit 2007 eine unabhängige Publikumsgesellschaft. Die Namen Jacobs, Suchard und Tobler sind endgültig aus der Firmenbezeichnung verschwunden. Dennoch bleiben gewisse Konstanten: Der Deutschlandsitz von Kraft Foods befindet sich immer noch in Bremen, am Ort des ehemaligen Jacobs-Hauptsitzes, und der Europasitz von Kraft Foods wurde 2007 von London ins steuergünstige Zürich verlegt, in jene Stadt, wo sich früher der Hauptsitz von Kraft Jacobs Suchard befunden hat. Die Toblerone schliesslich wird immer noch in der zu Interfood-Zeiten geplanten Fabrik in Bern-Brünnen hergestellt. Heute ist die Berner Schokoladefabrik allerdings, dem Zeitgeist gemäss, als «Confectionery Plant» im Telefonbuch zu finden.

Cappuccinotrinker sollen auf Toblerone aufmerksam werden

1 Die Beträge müssen ungefähr mit dem Faktor 50 multipliziert werden, um die heutige Kaufkraft wiederzugeben. Schokolade ist also bereits um 1900 ein Milliardengeschäft. Vgl. Francesco Chiapparino: Im Land der Schokolade. Die Schweizer Schokoladeindustrie im internationalen Kontext des 19. und 20. Jahrhunderts, in: Yvonne Leimgruber, Patrick Feuz, Roman Rossfeld, Andreas Tobler (Hg.): Chocolat Tobler. Zur Geschichte der Schokolade und einer Berner Firma (Berner Zeitschrift für Geschichte und Heimatkunde, Band 63), Bern 2001, S. 50–51

2 Zitiert nach Chocosuisse (Hg.): Chocologie. Geschichte und Gegenwart der Schweizer Schokoladeindustrie 2001, S. 12

3 Gründungsdaten der wichtigsten Schweizer Schokoladeproduzenten vor 1900: Cailler (1819), Suchard (1826), Kohler (1830), Sprüngli (1845), Peter (1867), Lindt (1879)

4 Mit Abstand grösstes Unternehmen ist die Gruppe «Peter, Cailler, Kohler» (PCK), die durch Fusionen in den Jahren 1904 und 1911 entsteht. Nestlé beteiligt sich 1911 mit 40 Prozent an PCK und übernimmt 1929 die restlichen Aktien. Auf dem zweiten Rang folgt die Firma Suchard, die bereits seit den 1880er Jahren mit Niederlassungen im Ausland präsent ist.

5 Chocosuisse: Chocologie, S. 11 und 15. Für 1912 beträgt der Schweizer Anteil am weltweiten Schokoladeexport 55 Prozent.

6 Die Grosszügigkeit ist zu relativieren, da der Fonds ausschliesslich in Obligationen und Aktien von Chocolat Tobler investiert. Die Mitarbeiter werden faktisch zur Beteiligung am eigenen Arbeitgeber gezwungen und sind auf Gedeih und Verderb von ihrer Firma abhängig. Der Sozialfonds von Tobler verliert bei der Sanierung von 1932 85 Prozent seines Vermögens. Vgl. Protokoll der Generalversammlung der AG Chocolat Tobler, 12.4.1941, Staatsarchiv des Kantons Neuenburg (Archiv Suchard Tobler)

7 Vgl. Chocosuisse: Chocologie, S. 15, und Protokoll der Generalversammlung der Chocolat Tobler Holding Co., 4.8.1930, AST

8 Stille Reserven entstehen durch die Unterbewertung des Vermögens einer Unternehmung, im Falle von Chocolat Tobler wurden zum Beispiel Lagerbestände oder Beteiligungen mit tieferen Werten in die Bilanz eingesetzt.

9 Chocolat Tobler Holding Co.: Geschäftsbericht 1924/1925, S. 7, AST

10 Nach Hermann Böschenstein: AG Chocolat Tobler Bern, in: Siegfried Frey (Red.): Otto Wirz. Festgabe zum 75. Geburtstag am 14. Juni 1965, Laupen 1965, S. 19

11 Ausführlicher in Frey: Otto Wirz

12 Erfolgreichstes Produkt dieser Tüftelei ist «Ragusa» von Camille Bloch, vgl. Michel Bührer: Camille Bloch – 75 Jahre süsse Genüsse, Courtelary 2004, S. 24–25

13 Imhoff produziert ab September 1964 in einem hoch automatisierten Werk ausschliesslich 100-Gramm-Tafeln. 1966 erreicht die Jahresproduktion 7000 Tonnen bei einer Belegschaft von lediglich 100 Angestellten. Ein Arbeiter bei Imhoff ist also rund fünfmal produktiver als einer bei Chocolat Tobler in Bern. Vgl. Revue Internationale de la Chocolaterie (RIC), Nr. 6 (1967), S. 266

14 Vgl. Der Schokolademarkt in der BRD, in: RIC, Nr. 2 (1970), S. 61–63

15 Protokoll des Verwaltungsrats-Ausschusses der AG Chocolat Tobler, 22.1.1963, AST

16 1966 bildet Edison zusammen mit Montecattini den Mischkonzern «Montedison» mit über 70 000 Angestellten. Vgl. Richard Brütting (Hg.): Italien-Lexikon, Berlin 1977, S. 506–509

17 Geschäftsbericht AG Chocolat Tobler 1966, S. 12, AST

18 Protokoll des Verwaltungsrats-Ausschusses der AG Chocolat Tobler, 1.10.1968, AST

19 Beilage zum Protokoll des Verwaltungsrats-Ausschusses der AG Chocolat Tobler, 18.3.1970, AST

20 Geschäftsbericht der AG Chocolat Tobler 1969, S. 9, AST

21 Protokoll des Verwaltungsrates der AG Chocolat Tobler, 13.12.1972, AST

22 Die Erfolgsstory der Migros-Schokoladen geht derweil ungebrochen weiter: 2006 erreicht ihr mengenmässiger Marktanteil im Inland 38 Prozent und im erst 1982 aufgenommenen Export bereits 13 Prozent. Vgl. www.chocolatfrey.ch

23 Bei den Schokoladeimporten der Bundesrepublik Deutschland führt die EWG-Zollunion zu deutlichen Verschiebungen. Die niederländischen Einfuhren nach Deutschland entwickeln sich explosionsartig von 6434 Tonnen bzw. 31 Prozent (1963) auf 17 001 Tonnen bzw. 52 Prozent (1965), während die Schweizer Firmen von 16 auf zehn Prozent zurückfallen. Vgl. RIC, Nr. 9 (1965) und Nr. 9 (1966)

24 Protokoll des Verwaltungsrates der AG Chocolat Tobler, 30.6.1970, AST

25 Protokoll der Generalversammlung AG Chocolat Tobler, 23.4.1969, AST

26 1930 verkauft Willy Russ, ein Enkel des Firmengründers, für 8,25 Millionen Schweizer Franken die Mehrheit der Suchard S.A. an zwei belgische Financiers, die im Auftrag der französischen Chocolat Poulain S.A. handeln. Gleichzeitig übernimmt Suchard – ebenfalls für 8,25 Millionen – zwei Drittel der Aktien von Poulain zu einem völlig überhöhten Preis und überweist den Betrag an dieselben belgischen Financiers. Die Transaktion dient nicht einer industriellen Zusammenarbeit Suchard/Poulain, sondern ist eine eigentliche Plünderung der Kassen von Suchard durch den scheidenden Mehrheitsaktionär Russ. 1943 werden Russ und seine Mitwisser im Verwaltungsrat zu einer Schadenersatzzahlung von insgesamt 700 000 Schweizer Franken verurteilt, die hälftig der Suchard Holding und einem Neuenburger Privatkläger zufliessen. Durch diese Affäre verliert Suchard den Charakter eines Familienunternehmens und gerät stattdessen unter den Einfluss von Chocolat Poulain und der Familie Midy. Nach Claire-Aline Nussbaum: Suchard: Entreprise familiale de chocolat 1826–1938. La naissance d'une multinationale suisse, Neuchâtel 2005, S. 205–209

27 Vgl. Historisches Lexikon der Schweiz (HLS), Version vom 22.8.2007, und Nachruf in der Neuen Zürcher Zeitung vom 18.7.2000

28 Protokoll des Verwaltungsrats-Ausschusses Interfood S.A., 30.10.1981, Company Archive Kraft Foods Deutschland, Bremen, AKFD

29 Protokoll des Verwaltungsrats-Ausschusses Interfood S.A., 6.4.1981, AKFD

30 Aussage von René Béglé im Protokoll des Verwaltungsrates AG Chocolat Tobler, 21.5.1971, AST

31 Interfood beschliesst 1975 den Ausstieg aus dem italienischen Markt. Der neue Lizenznehmer Perfetti/Du Lac SpA eilt ab 1976 mit Toblerone von Erfolg zu Erfolg: Die Verkaufsziffern steigen um 26% (1977), 30% (1978), 57% (1979), 41% (1980), 24% (1981).

32 Produktionsstandorte von Interfood: Bern, Stuttgart, Strassburg, Grödig, San Sebastian, Bedford, Buenos Aires. Standorte von Lizenznehmern: Varese, Dublin, Zagreb, Melbourne, São Paulo, Mexiko City.

33 Vgl. Urs Altermatt (Hg.): Die Schweizer Bundesräte. Ein biographisches Lexikon, Zürich 1992, S. 523–527

34 Protokoll des Verwaltungsrats-Ausschusses Interfood S.A., 11.7.1979, AKFD

35 Protokoll des Verwaltungsrats-Ausschusses Interfood S.A., 25.6.1980, AKFD

36 Protokoll des Verwaltungsrats-Ausschusses Interfood S.A., 6.4.1981, AKFD

37 Protokoll des Verwaltungsrats-Ausschusses Interfood S.A., 31.10.1980, AKFD

38 Protokoll des Verwaltungsrats-Ausschusses Interfood S.A., 18.12.1981, AKFD

39 Diese Freundschaft ist angesichts der Sonderbehandlung von Suchard-Tobler in Bern angebracht, verzichteten Stadt und Kanton Bern doch auf Steuern in Millionenhöhe und gewährten Investitionsdarlehen zu verbilligten Zinsen. Vgl. Protokoll des Verwaltungsrats-Ausschusses Interfood S.A., 30.10.1981, AKFD

40 Vgl. Geschäftsberichte Interfood der jeweiligen Jahre. Ein Eigenkapitalanteil von 50 Prozent gilt als angemessen.

41 Interfood Namenaktien (100 sFr.) verfügten mit einem Fünftel des Kapitals über die gleiche Stimmkraft wie die Inhaberaktien (500 sFr.).

42 Protokoll des Verwaltungsrats-Ausschusses Interfood S.A., 28.5.1982, AKFD

43 Protokoll des Verwaltungsrats-Ausschusses Interfood S.A., 7.12.1977, AKFD

44 Nach René Lüchinger und Birgitta Willmann: Der Jacobs Weg. Die autorisierte Biografie des Unternehmers Klaus J. Jacobs, Zürich 2007

45 Empfehlung an den Verwaltungsrat der Jacobs AG, 24.8.1982, AKFD

46 Die Bewertung der beiden Firmen beruhte vor allem auf den zukünftig zu erwartenden Erträgen. Beim Substanzwert lautete das Verhältnis etwa 1:1. Vgl. Lüchinger/Willmann: Der Jacobs Weg, S. 145–146

47 Neue Zürcher Zeitung vom 4.9.1982

48 Zahlen zusammengestellt von Lüchinger/Willmann: Der Jacobs Weg, S. 228 f.

49 Zitat aus der Zeitung «Blick» vom 23.6.1990

«Gewaltiges Mittel des modernen Handels»

Das Tobler-Marketing von 1899 bis 1970

Die Firma Tobler drängt als Nachzüglerin in den Schweizer Schokolademarkt. Cailler, Lindt & Sprüngli, Peter und Suchard sind schon seit Jahrzehnten im Geschäft. Aber trotz harter Konkurrenz ist der Moment für Tobler günstig, denn um 1900 boomt die Branche.[1] Zum spektakulären Aufschwung der Schweizer Schokoladeindustrie haben die Innovationen von Daniel Peter und Rodolphe Lindt beigetragen: Peter gelingt Ende der 1880er Jahre das erste Rezept für Milchschokolade.[2] Nährboden der Erfindung sind die zunehmende Beliebtheit der Milch als Nahrungsmittel, die aufstrebende Schweizer Milchwirtschaft und die Entstehung einer milchverarbeitenden Industrie. 1879 kreiert Lindt die Fondant-Schokolade, eine zart schmelzende Schokolade von völlig neuer Qualität.[3] Die beiden Innovationen Milch- und Schmelzschokolade werden bis zur Jahrhundertwende Standard aller Schweizer Schokoladehersteller. Sie erweisen sich als entscheidender Wettbewerbsvorteil und tragen – neben der im Vergleich zum Ausland überdurchschnittlichen Qualität – massgeblich zum guten Ruf der Schweizer Schokolade bei. Aber innovative Produkte und gute Qualität nützen nichts, wenn die Kundschaft die Vorzüge nicht zur Kenntnis nimmt. Als Schlüsselelement des Aufschwungs der Schweizer Schokoladebranche gilt deshalb auch das Marketing.

Produkte in immer neuer Form als Teil der Marketingstrategie: Schokolade-Bär, Gussform um 1920

Werbegeschenk der ersten Stunde: Fächer, vor 1914

TOBLERONE
THE FIRST PATENTED
SWISS MILK CHOCOLATE
(WITH ALMONDS & HONEY)
Nº920
The Swiss Toblerido Chocolate
SOLE MANUFACTURERS:
PATENT Nº44221
NET WEIGHT 3 ¼ OZS
SWEETENED
Les 3
spécialités de chocolat
Tobler
de réputation
mondiale

«Märkte intensiv studieren»

Theodor Tobler setzt sich in Vorträgen und Schriften intensiv mit der Bedeutung des Marketings auseinander, ohne aber den zu dieser Zeit noch nicht geschaffenen Begriff zu verwenden. 1917 betont Tobler, nicht nur eine «besonders sorgfältige, geschmackvolle Produktion», sondern auch die «weit ausblickende Zuhilfenahme aller zeitgemässen kaufmännischen Mittel» seien für die schweizerische Schokoladefabrikation erforderlich gewesen, um der ausländischen Konkurrenz «den Rang abzulaufen».[4] Seine strategischen Überlegungen fasst er wie folgt zusammen: «Das Übel des kleinen Inlandmarktes, an welchem die Industrie unseres Landes krankt, zwingt sie, im Export ihr Heil zu suchen.» Dabei sei die Branche darauf angewiesen, «den verschiedenen Anforderungen der einzelnen Märkte in Bezug auf Qualität, Format, Aufmachung, Verpackung etc., in weitgehendem Masse Rechnung zu tragen, ja sie soll die Eigenart der Märkte sogar intensiv studieren und ihnen die Produkte, die wir verkaufen wollen, zum Voraus anpassen».[5]

Um 1900 sind die Zeiten längst vorbei, in denen sich die Fabrikanten darauf beschränken, ein gutes Produkt herzustellen und den Rest den Händlern und dem Zufall zu überlassen.[6] Schon seit Mitte des 19. Jahrhunderts kümmern sich die Schokoladeproduzenten zunehmend auch um den Vertrieb ihrer Ware: Sie wollen den Absatz steigern und ihre Produkte durch den Wegfall des Zwischenhandels zu höheren Preisen verkaufen können. Im letzten Drittel des 19. Jahrhunderts ermöglichen die Verbilligung des Transports und die fortschreitende Mechanisierung die Massenproduktion von Schokolade. Dadurch verschärft sich die Konkurrenz, die Produkte werden zunehmend austauschbar, und es kommt zu Überkapazitäten. In dieser Situation greifen die Fabrikanten im Rahmen eines umfassenden Marketings verstärkt auch zur Reklame, um so die Aufmerksamkeit auf ihr Produkt zu lenken. 1924 schwärmt die Firma Tobler über die «erfolgreiche Wirkung» ihrer «unermüdlichen und wohldurchdachten Reklame, die sich stets den modernen Anforderungen anpasst».[7] Pionier auf diesem Feld ist aber Philippe Suchard. Theodor Tobler würdigt Suchard 1917 mit folgenden Worten: «Auf einer Reise in Nordamerika hatte er Gelegenheit gefunden, die Bedeutung der Reklame kennen zu lernen, und er verfehlte es nicht, dieses mächtigste Mittel des Handels in den Dienst seines neuen Produktes zu stellen.»[8]

Theodor Tobler verbreitet seine Ansichten zum Nutzen der Werbung auch auf Englisch. Broschüre von 1914

Linke Seite:
Zu Beginn wird die Toblerone als eine von drei «Weltmarken» vermarktet. Emailleschild aus den frühen 1920er Jahren

TOBLERONE
DIE VITAMINREICHE
SCHWEIZER MILCH-CHOCOLADE
(MIT HONIG UND MANDELN)
Wenn sich beim Sport, bei der Arbeit oder im Theater ein leises Hungergefühl bemerkbar macht, dann rasch ein Stück TOBLERONE. Das hilft! Das erhält frisch!
Sie schmeckt ausgezeichnet und nährt, denn sie ist aus feinen Mandeln, echtem Schweizer Bienenhonig und frischer Alpenmilch hergestellt.

«Tobler ist Qualität!»

Über die «world famous Tobler Swiss Chocolate specialities» heisst es in einer für den englischsprachigen Raum verfassten Waren- und Preisliste von 1923: Die Tobler-Schokoladen seien unter der strengen Kontrolle des schweizerischen Lebensmittelgesetzes hergestellt, enthielten ausschliesslich reinen Kakao ohne Schalen und Keime, wie sonst häufig verwendet, sowie Zucker und feinste Schweizer Milch, also weder Ersatzstoffe noch Chemikalien.[9] Tobler pflegt in der Reklame intensiv das Qualitätsimage, wirbt 1925 mit dem Slogan «Die Qualität der Tobler-Chocoladen ist immer höher als ihr Preis»[10] und mit der kecken Gleichung: «Tobler ist Qualität!»[11]
Wie gut die Tobler-Schokoladen der ersten Jahre tatsächlich sind, lässt sich heute nicht mehr überprüfen. Im Gegensatz zu anderen Schweizer Fabrikanten stellt Tobler jedoch niemals Billigware her. Er hält nichts von der um 1900 verbreiteten Strategie, mit Billigschokolade neue Kundschaft zu gewinnen, die später auf die Qualitätsprodukte umsteigen soll. Der Aufsteiger sucht «seine Spezialität» gezielt «in den besseren Qualitäten», wie es im Geschäftsbericht von 1903 heisst, weil hier «die Konkurrenz verhältnismässig noch ge-

Immer neue Formate sollen neue Käufergruppen gewinnen: Die 1929 lancierte Toblerone «Sportpackung»

Eine kurze Marketing-Lektion

Wer sind die Zielkunden im Markt? Wie lassen sich deren Wünsche auf wettbewerbsfähige und rentable Weise zufriedenstellen? Mit diesen zwei Fragen hat gemäss Fachliteratur jedes Marketing zu beginnen, wenn es erfolgreich sein will. Ist die Marketingstrategie einmal festgelegt, sind die Instrumente zur Umsetzung vielfältig. Sie reichen von der Produktverpackung über Zahlungsfristen und unterschiedliche Vertriebskanäle bis hin zur Werbung. Seit den 1960er Jahren werden die Marketinginstrumente in vier Gruppen eingeteilt, in die vier «P» des Marketings: product (Produktpolitik), price (Kontrahierungspolitik), place (Distributionspolitik) und promotion (Kommunikationspolitik). Als Tobler zu Beginn des 20. Jahrhunderts den Kampf um die Kundschaft aufnimmt, stehen für ihn aus den vier Gruppen folgende Instrumente im Vordergrund: die Qualität des Produkts, um die Zufriedenheit der Kunden zu sichern; die Preisgestaltung, um gegenüber anderen Anbietern konkurrenzfähig zu bleiben; die Reklame, um überhaupt wahrgenommen zu werden; der Ausbau der Vertriebskanäle, um die massenhaft hergestellte Schokolade im In- und Ausland abzusetzen.

Linke Seite:
Früher Versuch, die Toblerone als Snack zu positionieren. Anzeige in einer Illustrierten von 1931

Vertriebsform für Bahnhöfe und Theater: Toblerone-Automat aus den 1920er Jahren

ringer ist als bei den billigen Sorten».[12] Vor allem bringen die Qualitätsschokoladen höheren Gewinn. 1921 steht in der Tobler-Zeitschrift für Detailhändler: «Unser Prinzip, nur allerbeste Qualitätsware zu erzeugen, hat sich siegreich durchgerungen. Nichts konnte uns veranlassen, Massenware unter Schweizernamen auf den Markt zu werfen. Wir sind der festen Überzeugung, dass die Zeiten zu ernst und zu teuer sind, um sogenannte billige Ware zu erzeugen.»[13]

Die ersten Produkte, die 1899 die Fabrik in der Länggasse verlassen, sind Toblers Milchschokolade, dunkle Fondant-Schokolade und der «Cacao soluble». Für Tobler ist die Milchschokolade «das für die schweizerische Schokolade-Fabrikation als Export-Industrie grundlegende Produkt».[14] 1906 bringt er die ersten Milchschokoladen mit Zutaten auf den Markt: «Tobler-Mocca» und «Tobler Amanda».[15] Auch bei der Konkurrenz wächst das Sortiment in jenen Jahren rasant, und der Markt wird immer unübersichtlicher.

Damit die Produkte und ihre Herkunft auf einen Blick erkennbar sind, kreieren die Schokoladehersteller Fabrik- und Namensmarken. Toblers Vater Jean meldet die ersten Namensmarken 1900 beim Eidgenössischen Amt für geistiges Eigentum an.[16] Toblers Fabrikmarke zeigt einen Adler mit der Schweizer und Berner Fahne in den Krallen. Die Vorteile der Markenartikel erklärt die Firma 1920 in einem längeren Artikel in ihrer Zeit-

Rechte Seite:
Mit ihrem Kakao will die Firma Tobler die Arbeiterschaft als neue Konsumentengruppe erreichen. Plakat aus den 1930er Jahren

TOBLER
Tobler Cacao
LEICHT LÖSLICH IN PULVER
EN POUDR SOLUBILI
MARQUE DÉPOSÉE
INVENTEUR:
SOCIÉTÉ ANONYME
CHOCOLAT TOBLER, BERNE
Paquet 200 grammes
60 Cts.
die billigste Volksnahrung
POLYGRAPHISCHE GESELLSCHAFT LAUPEN-BERN

Mit offensivem Marketing zum Erfolg: Blick ins Magazin der «Propagandaabteilung» von Tobler, um 1915

Rechte Seite: Frühe Kinowerbung: Lichtbild um 1925

schrift für die Detailhändler wie folgt: Schon die Römer, Griechen, Japaner und Chinesen hätten ihre Töpferwaren oder das Porzellan mit ihren «Fabrikmarken» versehen, nicht bloss «als Schutz der Erzeuger, sondern auch als eine Art Garantieschein für den Käufer».[17] Für Schokolade ist das Spezialmarken-System relativ neu. «Früher verlangte der Käufer im allgemeinen Schokolade, hie und da das Fabrikat einer bestimmten Firma, und dann erst wählte er aus den verschiedenen Nummern oder Paketen das Passende aus. Jeder einzelne Kaufmann weiss aus Erfahrung, wie viel Zeit damit verloren geht. Er muss dem Kunden häufig auch den Geschmack einer jeden einzelnen Nummer erklären, wobei auch leicht Irrtümer unterlaufen, da ja Geschmacksbegriffe subjektiv sind.» All das sei bei Spezialmarkenartikeln ausgeschlossen: «Der Kaufmann weiss ganz genau, welchen Geschmack Toblerone, Amanda oder Nimrod haben.»

Ein Zugpferd namens Toblerone

Mitte des Jahres 1908 wird erstmals Toblerone hergestellt, im August kommt sie auf den Markt. Ein halbes Jahrhundert später wird Tobler-Direktor Tell A. Sandoz vor den Aktionären mit Blick auf die bevorstehende 50-Jahr-Feier erklären: «Sicherlich wird dies ein seltenes Fest in der Geschichte der Schokolade, ein Fest, das die Karriere eines Produktes erster Qualität krönt, das die Gunst und die Treue einer ausserordentlich grossen Kundschaft zu gewinnen wusste.» Die Toblerone habe sich bis ins Herz von Afrika ausgebreitet und finde gleichzeitig in der Schweiz «grössten Anklang». Dies sei «umso mehr erwähnenswert, als sich die Schweizer Schokoladefabrikanten seit Ende des Zweiten Weltkrieges einem wahrhaft unheimlichen und ungesunden Wettlauf um Neuheiten hingeben. Die Grosszahl davon verschwindet jedoch nach kurzer Zeit, da sie von ‹neueren Neuheiten› verdrängt werden. Diese kurzlebigen Blumen in den Schokoladeregalen unserer Kunden lassen das Verdienst der Toblerone umso deutlicher hervortreten [...]».[18]
Im Rückblick bezeichnet auch der Tobler-Hashistoriker Hans Berckum 1908 als «besonders glückliches Jahr». Die damals lancierte Toblerone hat ihm zufolge dem Namen Tobler «innert weniger Jahre» zu «Weltgeltung» verholfen.[19] Dank der Tobler-Milchschokolade und den in den folgenden Jahren entwickelten «glücklichen Kombinationen» habe sich «die Gesamt-Marke Tobler» als «damaliger Benjamin mit auffallend raschem Erfolg» in den Markt eingeschaltet. Der fast gleichzeitig aufgenommene Export, zusammen mit dem

TOBLERONE
CHOCOLAT AU LAIT SUISSE
(AUX AMANDES & MIEL)
Die vitaminreiche
SCHWEIZER
MILCH-CHOCOLADE
mit Mandeln & Honig
AN DER KASSE ERHÄLTLICH

Immer neue Werbegeschenke: Briefbeschwerer um 1930

rasch gesicherten Schweizer Geschäft als Grundlage, habe das noch relativ junge Unternehmen produktions- und umsatzmässig bald einmal in die vordersten Ränge der schweizerischen Schokoladeindustrie gebracht.[20]

Wie sich der Verkauf der Toblerone im Lauf der Zeit entwickelt, ist nicht im Detail rekonstruierbar. Vieles deutet darauf hin, dass die dreieckige Schokolade um 1920 zum Zugpferd im breiten Tobler-Sortiment wird. 1922 schreibt die Firma, die Toblerone bilde im Handel «den Grundstein des Chocolade-Umsatzes».[21] Die Karriere des Produkts lässt sich auch in der Gestaltung des Preiskatalogs ablesen: 1915 sind zuvorderst im Katalog Toblers Amanda und verwandte Schokoladen aufgeführt, die Toblerone folgt erst auf Seite 19. 1922 steht sie an erster Stelle des Preiskataloges. Eine Serie von Sammelbildchen, die damals den Tobler-Schokoladen beigelegt werden, inszeniert die Toblerone schon um 1920 als Weltprodukt, das «auf allen fünf Kontinenten» Liebhaber finde. Die Serie will laut Begleitbroschüre beweisen, «wie eine erstklassige Schweizer-Chocolade-Spezialität, die Toblerone, durch gediegene Propaganda unterstützt, zu einer Weltmarke wird».[22] Die Toblerone sei ein «wahrer Globe-Trotter», in New York werde sie «sogar im Metropolitan-Opera-House, einer der grössten Opernbühnen der Welt, in den Pausen verkauft und gegessen». 1922 erklärt der Briefkastenonkel in der Tobler-Zeitschrift für die Detailhändler: «Es gibt keine populärere Chocolade auf dem Weltmarkte.»[23] In einem Artikel über «Süssigkeiten in Japan» steht 1923 im selben Organ, der Japaner liebe Schokoladen wie Toblerone und Tobler-Nimrod. Wiederholt seien «junge Japaner in Geschäfte» gekommen, «welche diese Sorten ausgestellt haben, und gaben ihrer Freude Ausdruck, diese Chocoladen, an welche sie sich in der Schweiz als Studenten oder in diplomatischer Mission gewöhnt hatten, auch in ihrer Heimat wiederzufinden».[24]

Wenn Tobler die Toblerone schon in den 1920er Jahren als weltweite Bekanntheit präsentiert, soll dies Image und Verkauf des Produkts fördern. Gleichzeitig ist diese Inszenierung nur im Wechselspiel mit der tatsächlichen Ausbreitung der Schokolade denkbar und somit wenigstens teilweise für bare Münze zu nehmen. Denn ohne Wahrheitsgehalt wäre solche Werbung unglaubwürdig und riskant. Gleichzeitig wird die Toblerone aber trotz ihres relativ frühen Erfolges nicht immer und überall der Verkaufsschlager unter den zahlreichen Tobler-Schokoladen sein. Ein ehemaliger Tobler-Vertreter berichtet, als er in den 1960er Jahren in der Ostschweiz unterwegs gewesen sei, habe er in seinem Verkaufsrayon eher Mühe gehabt, die Toblerone abzusetzen. Denn die dreieckige Schokolade habe nur schlecht in die damaligen Schokoladekästen in den kleinen

Läden gepasst. Die Tobler-Schokoladen Térésina und Tobler-o-rum seien häufiger bestellt worden. Ohnehin habe er die Hälfte seines Umsatzes mit schönen Pralinéschachteln im Weihnachtsgeschäft und mit der Osterkollektion erzielt.[25]

Das Spiel mit den Preisen

Auch wenn die Erfindung der Toblerone im Rückblick vor allem als spektakulärer Glücksfall angesehen werden kann: Die Geburt der Toblerone fällt für die damaligen Tobler-Verantwortlichen in eine schlechte Zeit. Die Jahre 1907 und 1908 stehen im Zeichen einer «Depression in der Chocoladenbranche», wie der Verwaltungsrat festhält.[26] Trotzdem will Tobler nicht auf das «Gebiet der Preisschleudereien» ausweichen, wie das einige Konkurrenten tun. «Wohl verlangt dieses Mittel vielleicht momentan kleinere Opfer, doch wird dabei die Zukunft untergraben.» Denn es sei eine erwiesene Tatsache, dass eine Marke, welche unter den regulären Gewinnungskosten dem Markt aufgedrängt werde, sich auch in besseren Zeiten nie mehr «zu einem lohnenden Preis hinaufschwingen lässt». So bleibe später nichts übrig, «als die Qualität nach und nach zu verringern», um sie mit dem reduzierten Erlös in Einklang zu bringen.

1915 kostet die 100-Gramm-Toblerone 50 Rappen. Sie liegt damit im gleichen Preissegment wie Toblers Amanda, die Haselnuss-Milchchocolade und die Sportschokolade Nimrod. Der durchschnittliche Stundenlohn eines Tobler-Arbeiters beträgt damals 43 Rappen, jener einer Arbeiterin 32 Rappen.[27] Um eine Toblerone kaufen zu können, müssen die Männer somit 70 Minuten arbeiten und Frauen sogar 94 Minuten. In anderen Worten: Die Toblerone ist in jenen Jahren ein Luxusartikel.

1921 wird den Detaillisten geraten, die Toblerone – «entsprechend unserer Preisermässigung» in wirtschaftlich schwierigen Zeiten, in denen «alle Opfer bringen» müssen – für 80 statt 85 Rappen zu verkaufen.[28] Das ist die Zeit der Nachkriegskrise. 1922 folgt eine erneute Preisermässigung: Das 100-Gramm-Etui kostet jetzt noch 70 Rappen.[29] Der Tobler-Arbeiter, der 1922 durchschnitt-

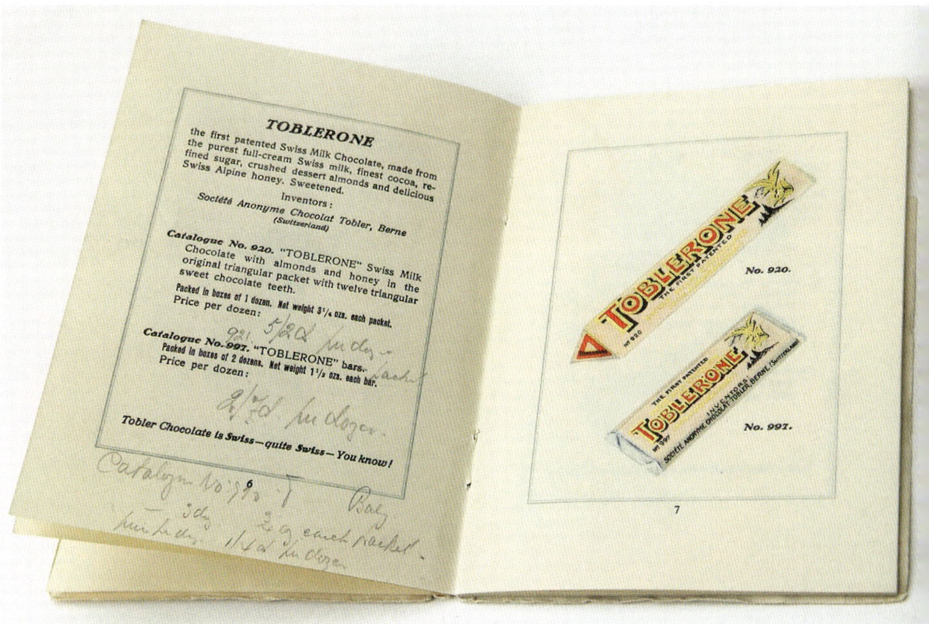

Für die Arbeiterschaft ist die Toblerone in den 1920er Jahren immer noch kaum erschwinglich. Preisliste für den englischsprachigen Raum von 1923

Dank steigenden Löhnen wird die Toblerone in den 1960er Jahren für breiteste Bevölkerungsschichten zum Alltagsprodukt. Leuchtreklame aus den 1960er Jahren

lich 1,35 Franken pro Stunde verdient, muss für eine 100-Gramm-Toblerone immer noch gut eine halbe Stunde arbeiten, die Arbeiterin mit 91 Rappen Stundenlohn 46 Minuten. Zum Vergleich: Im Jahr 1921 kosten ein Kilogramm Kartoffeln 25 Rappen, ein Kilogramm Brot 65 Rappen, ein Liter Milch 49 Rappen, ein Liter Bier 50 Rappen, ein Kilogramm Kaffee 2,40 Franken, ein Kilogramm Kakao vier Franken.

1925 klettert der Preis der Toblerone auf 90 Rappen. 1929 – im Zuge der Wirtschaftskrise – sinkt er auf 60 Rappen. 1934 kostet die 100-Gramm-Toblerone noch 50 Rappen, gleich viel wie die anderen Tobler-Schokoladen.

Tobler bleibt dabei: Preisermässigungen ja, aber keine Preisschleuderei. Um trotzdem Leute mit kleinem Portemonnaie für die Toblerone zu gewinnen, bringt er in den 1920er Jahren Toblerone in verschiedenen Kleinformaten auf den Markt. Während 1915 nebst Toblerone-Napolitains – das sind Mini-Schokoladen – nur die 100-Gramm-Toblerone hergestellt wird, entsteht in den 1920er Jahren schrittweise eine eigentliche Produktfamilie: 1923 gibt es Toblerone auch im Kleinformat von 25 Gramm für 20 Rappen und von 50 Gramm für 30 Rappen. 1925 ist neu die Toblerone Junior erhältlich: 40 Gramm zu 35 Rappen. 1929 vertreibt Tobler in der Schweiz der Preisliste zufolge fünf verschiedene Grössen der Toblerone: 150 g, 100 g, 55 g, 50 g und 25 g. Im Jahr 1934 werden gar sieben Grössen angeboten. Die Rohstoffknappheit im Zweiten Weltkrieg lässt die Zahl der Formate von sieben auf zwei schrumpfen. Erhältlich sind jetzt nur noch die 50-Gramm-Toblerone für 40 Rappen und neu die 80-Gramm-Toblerone für 60 Rappen.

In der weiteren Entwicklung spiegelt sich die allmähliche wirtschaftliche Erholung in der Nachkriegszeit: 1947 findet ein Preisaufschlag um fünf Rappen statt. 1949 kommt die Toblerone wieder in der 100-Gramm-Version auf den Markt, zum Verkaufspreis von 87 Rappen, und neben der 50-Gramm-Toblerone für 44 Rappen taucht neu eine 22-Gramm-Toblerone für 20 Rappen auf. Im wirtschaftlichen Aufschwung der 1950er und 1960er Jahre steigt der Preis der Toblerone weiter, 1966 kostet die 100-Gramm-Version 1,20 Franken. Aber dank den kräftig gestiegenen Löhnen ist sie inzwischen ein für breiteste Schichten erschwingliches Produkt. Die Schokolade hat sich definitiv vom Luxusartikel zum allgemeinen Konsumgut gewandelt.

Variationen der Toblerone sind von nun an keine ausgetüftelten Konzessionen ans Portemonnaie mehr. Vielmehr dienen sie dazu, ein bekanntes Produkt immer aufs Neue zu inszenieren und so dem Publikum in Erinnerung zu rufen. 1965 kommt die «Riesen-Toblerone» (400 Gramm) auf den Markt. Ab 1969 gibt es die Toblerone als zartbittere, dunkle Variante in grüner Verpackung.[30] Vier Jahre später folgt nach eingehenden Marktstudien die weisse Toblerone. Auch das restliche Tobler-Sortiment wird in den Boomjahren unter

Rechte Seite:
Kampf um Marktanteile mit Produktvariationen: Ab 1969 ist die dunkle Toblerone erhältlich. Anzeige von 1972

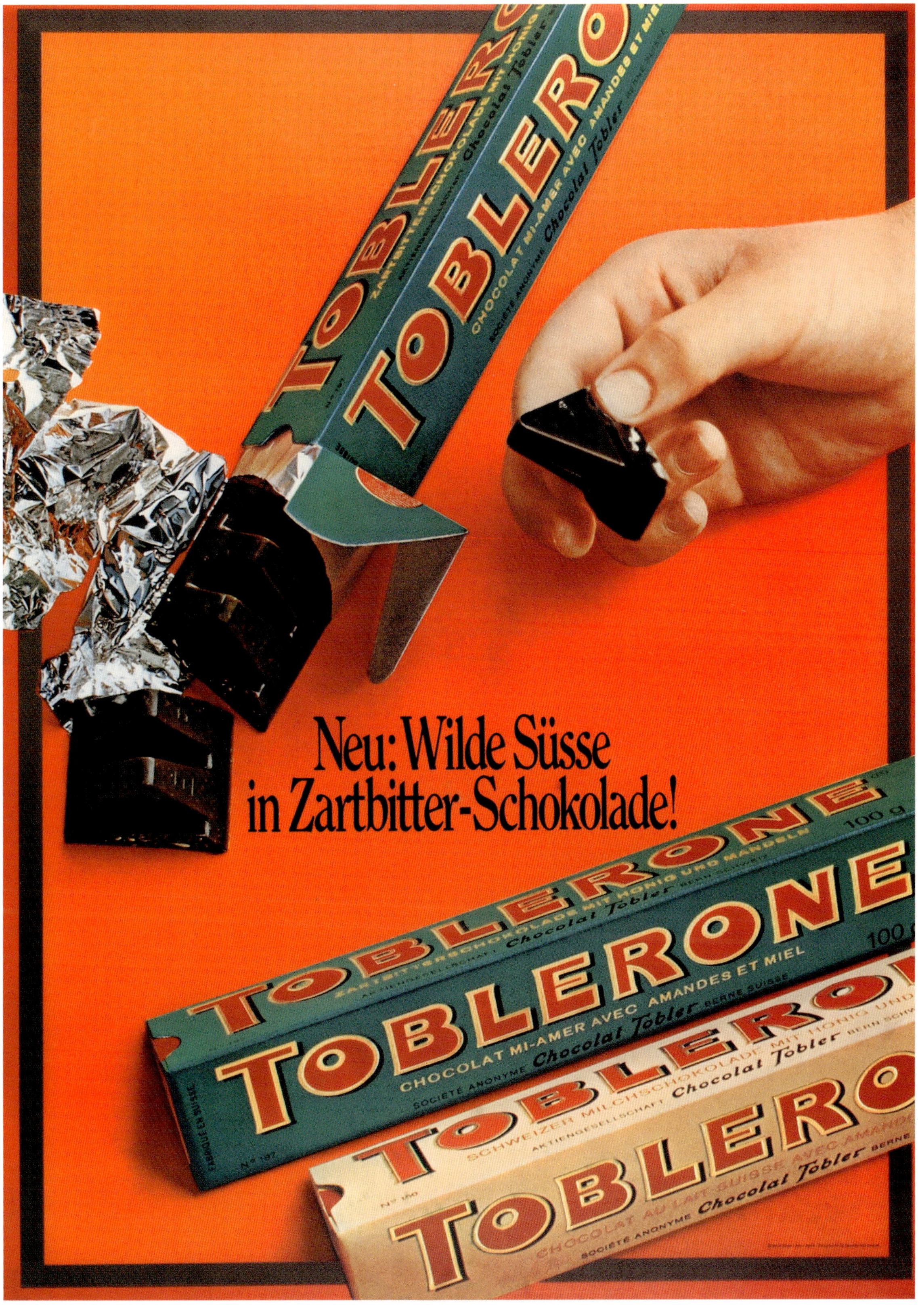
Neu: Wilde Süsse
in Zartbitter-Schokolade!
TOBLERONE
ZARTBITTERSCHOKOLADE MIT HONIG UND MANDELN
AKTIENGESELLSCHAFT Chocolat Tobler BERN SCHWEIZ
TOBLERONE
CHOCOLAT MI-AMER AVEC AMANDES ET MIEL
SOCIÉTÉ ANONYME Chocolat Tobler BERNE SUISSE
100 g
FABRIQUÉ EN SUISSE
TOBLERONE
SCHWEIZER MILCHSCHOKOLADE MIT HONIG UND
AKTIENGESELLSCHAFT Chocolat Tobler BERN SCHW
TOBLERONE
CHOCOLAT AU LAIT SUISSE AVEC AMANDE
SOCIÉTÉ ANONYME Chocolat Tobler BERNE

Konkurrenzdruck laufend ausgebaut und erreicht in den 1950er und frühen 1960er Jahren einen Höhepunkt.[31]

Kakao als «Volksnahrung»

Vor allem mit seinem Kakao «in Paketen mit der Bleiplombe» versucht Tobler in den 1920er Jahren, die Arbeiterschaft als eine neue Konsumentengruppe zu gewinnen. In einer Annonce von 1920 preist er den Kakao als «Volksnahrungsmittel» an. Deshalb verkaufe er das Pulver nicht mehr in teuren Blechbüchsen: «Was früher ein Luxusgetränk war, ist heute ein allgemeines Lebensmittel geworden. Blechbüchsen sind jetzt fast nicht erhältlich und kosten ein Heidengeld.»[32]
Die Kakao-Werbung bildet in jenen Jahren einen Schwerpunkt der Tobler-Propaganda. Bürgerliche Sozialreformer kämpfen seit der zweiten Hälfte des 19. Jahrhunderts gegen den Alkohol- und Kaffeegenuss der Arbeiterschaft. Das ist die Kulisse für Toblers Offensive. In seiner Reklame geisselt er den Kaffee, der nur «ungesundes Herzklopfen» bewirke. Der «scheinbar teurere Kakao» dagegen enthalte «alle Bestandteile, die den jugendlichen Körper aufbauen, dem reifen Körperkraft und Widerstandsfähigkeit verleihen und den alten frisch und gesund erhalten».[33] Um seiner Kampagne einen objektiven Anstrich zu geben, lässt Tobler vom Leiter des hygienischen Instituts der Universität Bern ein «wissenschaftliches Gutachten» erstellen. Natürlich bestätigt der Professor darin die Bedeutung des Kakaos für die Volksernährung und bestätigt, dass Teile der Schweizer Bevölkerung nach wie vor ungenügend ernährt seien.[34] Die Propaganda verpufft offenbar nicht wirkungslos: 1922 hält Toblers Zeitschrift fest, die Propaganda für den Kakao habe «ein durchaus befriedigendes Resultat erzielt».[35]
Den Kakao forciert Tobler auch wegen der Kakaobutter, die bei der Produktion des Pulvers übrig bleibt und für die Herstellung von Schokolade verwendet wird: Je mehr Kakaobutter in der eigenen Fabrik anfällt, desto weniger dieses teuren Schokoladezusatzes muss Tobler kaufen.[36] Die Kakao-Kampagne ist zudem Teil einer breiteren Strategie, verstärkt Männer als Schokoladekonsumenten zu gewinnen. «Wenn vor dem Krieg das weibliche Geschlecht, zusammen mit den Kindern, das Hauptkontingent der Schokolade-Konsumentenschaft darstellte, so haben jetzt also vor allem die in den Armeen eingereihten Männer Kakao trinken und Schokolade essen gelernt. Muss sich da nicht der Gedanke aufdrängen, dass unzählige

Die einfachen Leute im Visier: Kakao-Werbung von 1923

dieser Männer, soweit sie zum häuslichen Herd zurückkehren, dem Konsum dieser Produkte treu-bleiben werden und dass sich daraus die Schlussfolgerung einer weiteren, fast unbegrenzten Ausdehnung der Schokolade-Industrie ziehen lässt?»[37] Das schreibt Tobler 1917: Der Erste Weltkrieg ist für die Schweizer Schokoladefabrikanten eine goldene Zeit. Nicht nur die Armeen – inklusive die Schweizer Armee – haben die Schokolade als Muntermacher in düsterer Zeit und als handlichen und trotzdem nahrhaften Proviant entdeckt. Auch die «Freunde und Familienangehörigen der im Felde stehenden Krieger wetteifern mit der Zusendung von Schokolade».[38]

Sparsamer Umgang mit vergleichsweise teurem Produkt: Dosierlöffel für Kakao, um 1915

Insgesamt leitet der Erste Weltkrieg eine Imagewende der Schokolade vom Luxusprodukt für Oberschichten und Nascherei für Frauen und Kinder zum Nahrungsmittel für den Alltag ein. Breite Bevölkerungsschichten können sich aber nur Billigschokolade und Kakao leisten. Die endgültige Popularisierung der Schokolade dauert noch bis zu den Zeiten steigender Löhne in den 1950er und 1960er Jahren. 1968 schreibt Chocolat Tobler: «Zwei Kriege, zehn Mangeljahre brauchte es, um das durch Physiologen längst widerlegte Vorurteil, Schokolade sei ‹bloss› ein Genussmittel und folglich ein Luxus, auch in breiten Volkskreisen zu zerstreuen.»[39]

Sammelwut – ein Fall für die Justiz

Gezielt um die Gunst der Kinder wirbt Tobler mit Sammelbildchen, die er seinen Schokoladen beilegt. Solche Bildchen sind damals ein weit verbreitetes Werbemittel der Branche. Tobler startet damit 1903 und sorgt schon bald für helle Aufregung. Nicht wegen der Sujets, denn die farbigen Bildchen sind konventionell und zeigen Motive wie Wasserfälle, Dampfschiffe, Tiere und Märchenszenen. Neu und aufsehenerregend ist der Text auf der Rückseite der Tobler-Sammelbildchen: «Wir geben successive 30 Serien verschiedener Reclamemarken heraus. Wer uns die ganze Sammlung im Tobler Album, welches bei allen grösseren Ablagen unserer Marke à Fr. 1.25 käuflich ist, einsendet erhält von uns eine Prämie von Fr. 10.– in Chocolat Tobler.» Im Lauf der nächsten Jahren entwickelt sich in Bern und anderswo eine veritable Sammelwut unter den Schulkindern, die öffentlichen Ärger auslöst, Zeitungsspalten füllt und Tobler 1906 einen Gerichtstermin beschert. «Seit einiger Zeit ist die Schülerschaft wie besessen, Knaben und Mädchen haben nur

Lockvögel für Kinder: Ab 1903 legt Tobler seiner Schokolade Sammelbildchen bei. Sujets aus den ersten Bildserien

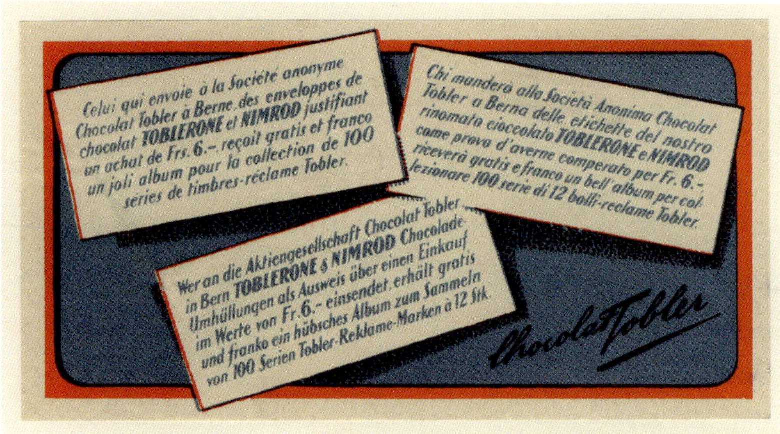

100 Bildserien à 12 Bilder: Werbung für das neue Sammelmarkenalbum von 1917

daran, sich das Geld dazu auf «unrechtmässige Weise» zu erwerben. Die «Berner Tagwacht» spricht von «verwerflicher Reklame». 1907 wird Toblers Prämiensystem als «unerlaubtes Lotteriegeschäft» verboten, da einzelne Bildchen in geringer Auflage erschienen sind. Immerhin hat die Firma bis zu diesem Zeitpunkt 1262 Schokoladeprämien à zehn Franken entrichtet und den Schokoladetafeln rund 19 Millionen Bildchen beigelegt.

noch einen Gedanken: die 186 Bildchen zusammenzubringen, um ihre Schokolade zu erhalten», schreibt der Berner Korrespondent der «Tribune de Genève».[40] «Vom Unfug der Toblerschen Schokoladenhelgen» schreibt der «Bund» und beklagt, die Jugend werde «ans Schlecken gewöhnt» und

Die Sammelbilder druckt Tobler auch nach dem richterlich erzwungenen Verzicht auf das Prämiensystem weiter. 1908 findet die Toblerone in der Serie «Robinson Crusoe» Eingang in das Album. Gegen 1920 lanciert Tobler ein neues Sammelbildchen-Album, das stark geprägt ist von seinen pazifistischen Anschauungen und idealistischen Vorstellungen einer Welt, in der Demokratie, Freihandel und Einvernehmlichkeit herrschen. Die Bildchen sind in der 1907 in Frankreich auf der Basis von Esperanto entwickelten Weltsprache Ido betextet. Dies ist aber nicht nur idealistisch motiviert, sondern hilft auch, Übersetzungs- und Druckkosten einzusparen. Sammelalben begleiten auch die späteren Tobler-Jahre: In England und Spanien kommt 1938 der Band «With Tobler Chocolate all over the world» heraus. In Markenalben der 1950er Jahre finden sich Sujets aus den Disney-Trickfilmen Peter Pan, Alice im Wunderland und Dornröschen. Später kommen Mary Poppins und das Dschungelbuch dazu. Auch für die Bibliotheken der Erwachsenen gibt es Tobler-Bände: 1950 «Mein Autobuch» und in den 1960er Jahren «Die Schweiz zur Römerzeit».

Die Rolle der Frau und der Wert der Demokratie: Sammelbildchen als Erziehungsmittel

Brief aus Neuseeland

1924 erhält die Tobler-Fabrik in Bern Post von einem Toblerone-Fan aus Neuseeland: «Während der Kriegszeit wurde hier der Mangel an Toblerone stark empfunden. Seit nun aber die Verbindun-

Schon früh in vielen Ländern erhältlich und bekannt. Kino-Lichtbild aus Australien, nach 1925

gen zwischen den meisten Staaten wieder hergestellt sind, erfreut sich das Wiedererscheinen des weit bekannten Artikels eines herzlichen Willkommens durch ganz Neuseeland. Wirklich jedes Geschäft, das Süssigkeiten führt, hat Ihrem Produkt im Verkauf eine hervorragende Stellung angewiesen.»[41] Auch in Australien ist das Produkt angekommen: Eine Fotografie von 1925 zeigt ein mit Toblerprodukten «voll gepfropftes Schaufenster».[42]

Um im Ausland neue Märkte zu erschliessen, unterhält Tobler in verschiedenen Ländern Verkaufsgesellschaften mit «einem zahlreichen, kaufmännischen Innen- und Aussenpersonal». Dieses dient «dem regelmässigen Besuch der Kundschaft und der zweckdienlichen Erledigung der Kontor- und Propagandierungsarbeiten».[43] Diese Vertriebsform bietet Tobler zufolge gegenüber einer Organisation mit Reisenden, die dem Berner Stammhaus direkt unterstellt sind, und gegenüber völlig unabhängigen Kommissionsagenten den Vorteil, dass ein «enger Kontakt mit der Kundschaft» besteht und eine «ständige, nahe Geschäftsüberwachung» möglich ist. Zudem kaufe die Kleinkundschaft in allen Ländern umso lieber, je weniger Ware sie auf einmal zu beziehen brauche, je schneller sie die gewünschten Produkte erhalte, je mehr ihr das Risiko des Einfuhrzolls und der Bezahlung in einer fremden Währung abgenommen werde.

Der Nachschub der Waren von Bern aus scheint vor dem Ersten Weltkrieg gut zu klappen, gemäss Tobler «war die Organisation des genügenden und rechtzeitigen Warennachschubes eine verhältnismässig einfache und leichte Sache».[44] Im Ersten Weltkrieg profitiert die Schweizer Schokoladeindustrie vom Wegfall der ausländischen Konkurrenz und erlebt einen Exportboom. Noch in der ersten Nachkriegszeit tönt es in der Firmenzeitschrift hoffnungsfroh: «Die Kriegsverhältnisse im allgemeinen, eine neu aufgebaute, fast in die ganze Welt hinausreichende Verkaufsorganisation und unsere nimmermüde Propaganda im besondern haben den Konsum ausserordent-

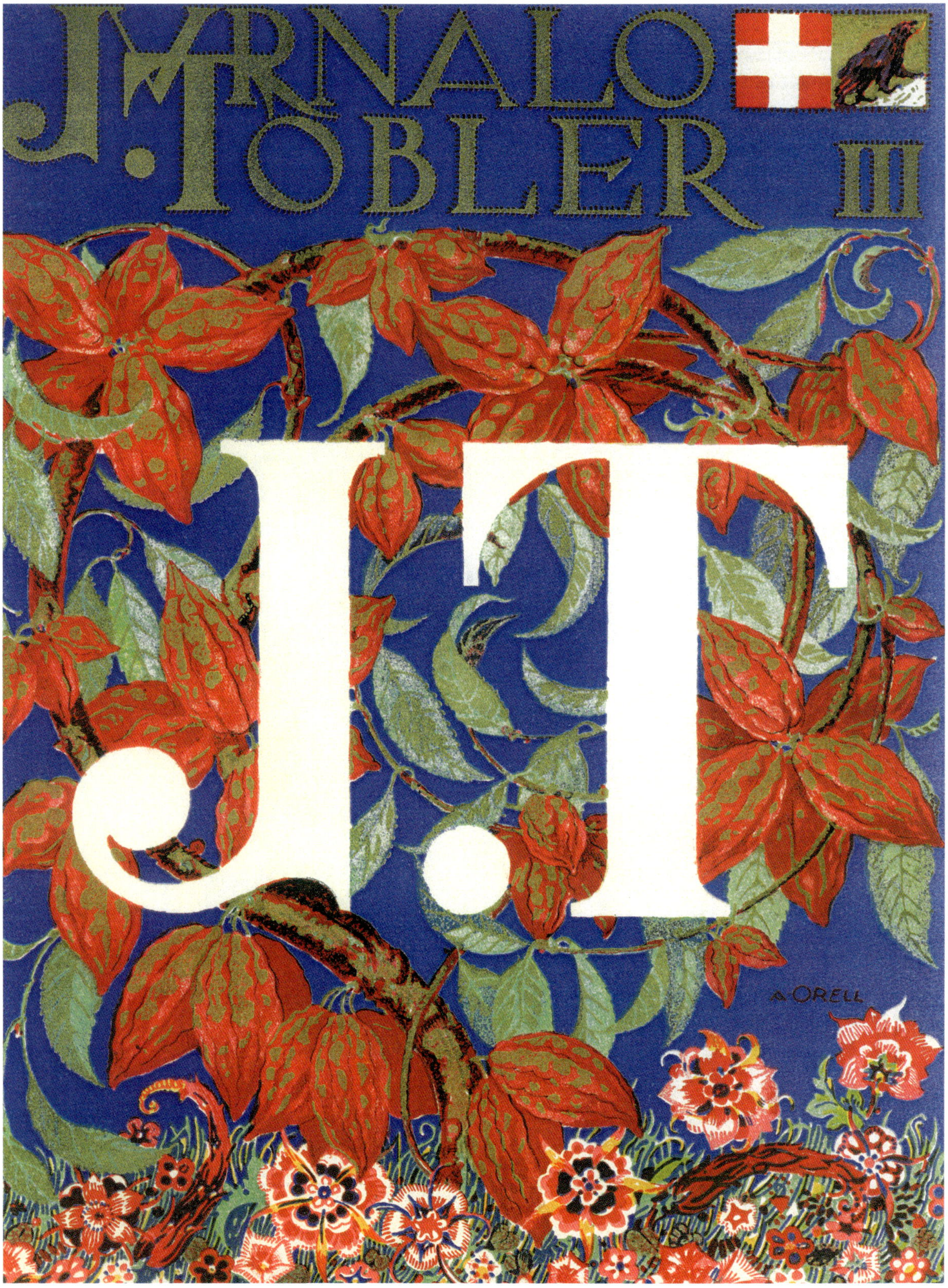
JVRNALO
J. TOBLER III
J.T
A. ORELL

lich stark erhöht, so dass die Fabrikation mit einer kleineren Gewinnrate doch besser rentiert als vor dem Kriege.»[45]

Der Aufbau der Vertriebsorganisation für die seit 1899 hergestellten Tobler-Schokoladen erfolgt rasant. Ein erstes Ziel ist Grossbritannien, dessen Freihandelspolitik für Einfuhren aus der Schweiz so vorteilhaft ist, «dass gute Chocolade bei billigen Preisen dort bald einen erstaunlichen Absatz» findet. 1901 reist Tobler zum ersten Mal nach England und gründet in Liverpool eine eigene Verkaufsagentur.[46] Auch sonst ist er unermüdlich dabei, «das Ausland systematisch zu bearbeiten». Tobler besucht Italien, Frankreich, Deutschland, Belgien, Österreich, Russland, Dänemark, Kanada und die Vereinigten Staaten.[47]

Noch vor dem Ersten Weltkrieg gründet Tobler in Chicago eine Verkaufsagentur. Mit dem Krieg geht aber alles «kaputt». 1922 schliesst er sich mit einer «Organisation von Leuten zusammen, die mit eigenen Mitteln arbeiten und die wir stützen müssen mit unserer Propaganda».[48] Diese Organisation, die Tobler Swiss Chocolate House Inc. Boston, wandelt er auf einer Nordamerikareise Ende 1925 in eine Aktiengesellschaft um. Zudem schliesst der Schokoladefabrikant aus Bern einen Vertrag mit einer «erstklassigen anderen Gesellschaft unserer Branche», um die «raschere und intensivere Einführung der Tobler-Produkte» auf dem nordamerikanischen Markt zu erreichen.[49] 1927 reist Tobler nochmals in die USA, doch die Investitionen bringen nicht die erhofften Resultate. 1929 meldet der Geschäftsbericht, dass die amerikanische Handelsgesellschaft «leider nicht diejenigen Erfolge zu erzielen» vermag, die eine Weiterführung der Geschäfte rechtfertigen würde. Tobler muss seinen Traum begraben, «einen allenfalls aufgebauten Absatz später an eine amerikanische Tobler-Fabrikationsstätte übertragen zu können».[50]

Die 1920er Jahre sind für den Vertrieb der Tobler-Schokolade auch in anderen Ländern eine schwierige Zeit. Hohe Zollschranken, scharfe Devisenbestimmungen und Währungsschwankungen veranlassen Tobler 1928, seine englische Handelsgesellschaft zu verkaufen, die drei Jahre zuvor noch 50 festangestellte Reisende beschäftigt hat. Von nun an produziert und vertreibt die Firma Crosse & Blackwell gegen eine Lizenzgebühr Toblerone und weitere Tobler-Produkte in Grossbritannien und Irland. 1929 vergibt er auch eine Lizenz nach Brüssel. Schon 1921 hat sich die Berner Firma an einer Schokoladefabrik in Talence bei Bordeaux beteiligt, um vor Ort Schokolade produzieren zu können. Die Währungs- und Wirt-

Exotische Werbung mit – nach heutigem Empfinden – rassistischem Klischee, Reklame von 1923

Linke Seite:
Zwischen Jugendstil und Art déco: Titelgrafik der Tobler-Zeitschrift von 1920

1924
Nº6
J.T.
JURNALO TOBLER

schaftskrise Anfang der 1930er Jahre verschärft die Probleme weiter. Um das «deutsche Absatzgebiet nicht preiszugeben», beteiligt sich Tobler 1931 an der Lindt und Sprüngli AG in Berlin, «damit unsere Spezialitäten wie die Toblerone» dem «deutschen Markt erhalten bleiben, wo sie in langer, mühsamer Arbeit mit nicht unerheblichem Aufwand nach und nach eingeführt worden sind».[51] Im Lauf der 1930er Jahren schrumpft der Schokoladeexport aus der Schweiz weiter und kommt im Zweiten Weltkrieg fast völlig zum Erliegen.

In der Schweiz bringt Tobler seine Ware mit Reisenden in den Handel. 1922 beschäftigt er 25 Vertreter.[52] Mitte der 1920er Jahre bestellen die Detailhändler in dringenden Fällen auch telefonisch bei der Verkaufsabteilung in Bern oder in den Depots von Chocolat Tobler.[53] Die Firma betreibt 1920 bereits sieben Depots in der ganzen Schweiz: Basel, Zürich, Chur, St. Gallen, Luzern, Genf, Lugano. Dank diesen Depots werden die in den betreffenden Ortschaften ansässigen Kunden nicht erst nach 24 Stunden bedient: «Schon nach 1 bis 2 Stunden fährt das wohlbekannte Tobler-Automobil beim Kunden vor und liefert die bestellte Ware ab.»

Als nach dem Zweiten Weltkrieg der Export wieder leicht anzieht, liefert Chocolat Tobler «einige unserer Spitzenprodukte» ins Ausland und achtet dabei auf «eine möglichst breite Verteilung, um die noch verbleibenden, für uns in Zukunft sehr wertvollen Exportmärkte nicht ganz an die in den letzten Jahren wieder äusserst regsam gewordene Auslandkonkurrenz zu verlieren».[54] Auch die «Geschäftsfreunde» in Bordeaux, Brüssel und London nehmen 1947 die Fabrikation und den Verkauf von «Standardartikeln der Marke Tobler» wieder auf, was «eine Art indirekten Exports, wenigstens in Bezug auf die Verbreitung unserer Marke in den betreffenden Ländern» bedeute. 1950 kommt auch der Export nach Deutschland und in die USA wieder in Gang, und 15 Jahre später ist die Firma zuversichtlich, «dass wir dank unserer ausgebauten Exportorganisation, die über ein dichtes Agentennetz verfügt, auch in Zukunft unsere Stellung im Weltmarkt halten können».[55]

In der Schweiz spielen in den 1950er und 1960er Jahren weiterhin die Tobler-Vertreter eine wichtige Rolle. Die insgesamt 65 Angestellten erhalten einen Fixlohn und zusätzlich eine Umsatzbeteiligung. Sie fahren im eigenen Auto herum, bekommen aber die Fahrspesen ersetzt. In ländlichen Gebieten holen die Vertreter die Bestellungen bei

Linke Seite:
Zunächst eines unter vielen Produkten, rückt die Toblerone ab 1920 zur bestverkauften Tobler-Schokolade vor. Weihnachtsplakat von 1924

Ab 1921 ist in der Tobler-Werbung eine gezielte Förderung der Toblerone erkennbar. Plakat von 1924

den Händlern nach wie vor persönlich ab. Kleinere Mengen Schokolade schickt die Berner Fabrik per Post an die Krämerläden, grössere Mengen werden ab Depot in den einzelnen Landesteilen geliefert. In den 1970er Jahren setzt eine Umwälzung des Handels ein, welche die Bedeutung und Zahl der Vertreter bald stark zurückgehen lässt: Auf Kosten kleiner Läden breiten sich Grossisten aus, welche die Schokolade direkt in Bern bestellen und diese über eigene Verteilzentren in ihre Filialen bringen.[56]

«Blechpest» und «Reklame-Unwesen»

1903 kommt es zu Unruhe unter den Tobler-Aktionären. Sie wollen wissen, warum die Ausgaben für Reklame so stark ansteigen. Damals ist die Bedeutung von Werbung noch stark umstritten, nicht jedoch für Theodor Tobler. Für ihn ist klar, wenn das Unternehmen auf dem Markt der «feineren Chokoladen» eine «Umsatzziffer» erreichen wolle, «welche ein lukratives Arbeiten ermöglicht», müsse «alles aufgeboten werden», um das Absatzgebiet zu vergrössern und sich mit der Zeit zu einer Weltfirma zu entwickeln: «Hierzu gibt es nur ein Mittel, das ist die Reklame, mit welcher nicht gespart werden darf.»[57] 1914 bezeichnet Tobler die Reklame vor dem bernischen Verein für Handel und Industrie als «gewaltiges Mittel des modernen Handels», als «Waffengattung der kaufmännischen Kriegsführung», die «einen grossen Stab von wohlgebildeten kaufmännischen Soldaten und Offizieren» erfordere.[58] Am Ende seiner Karriere als Schokoladefabrikant wird er lapidar feststellen: «Wir wollten das gute Tobler-Produkt bekannt machen und den Umsatz steigern. Man kann auch bekannt werden, indem man die Zeit wirken lässt. Doch riskiert man dabei, von anderen überholt und totgeschlagen zu werden, bevor man am Ziel ist.»[59]

Die Reklame ist »mannigfaltig«, wie Tobler sagt. Sie findet auf Plakaten, Reklameschildern, Verpackungen, Zirkularen, Annoncen und auf Lichtbildern in Kinos statt. Sie kommt aber auch als Packungsbeilage, Muster oder Preisausschreiben daher oder in Form von Werbegeschenken, Treueprämien, Sonderverkäufen, Firmenzeitschriften, Vorträgen, Spenden und Sponsoring. Immer geht es darum, die Vorzüge eines Produkts darzustellen und Händler und Konsumenten für die Ware zu gewinnen.

Fassade als Werbefläche: Bild von 1945

Vater Jean Tobler bestellt für seine Confiserie Spéciale – die Vorläuferin der 1899 gegründeten Schokoladefabrik – bereits 1887 bei den Eisenwerken Gaggenau emaillierte Schilder, im selben Jahr, in dem dort die ersten Grossaufträge der Firmen Maggi, Odol, Suchard und der deutschen Schokoladefirma Stollwerck eintreffen. Bei diesen frühen Schildern handelt es sich häufig noch um reine Schriftbilder.[60] Im Lauf der Zeit werden die Schilder immer populärer, da sie im Gegen-

Zum Ärger des Heimatschutzes: Reklameschriften in der Berner Altstadt, um 1905

satz zu Plakaten langlebig sind und an Aussenwänden angebracht werden können. Unter Theodor Tobler geht die Firma um die Jahrhundertwende in die Offensive und ist bald vielerorts mit Reklame präsent. Die Schilder der Schokoladefabrikanten verbreiten sich in jenen Jahren so rasant, dass die Klage von der «Blechpest» aufkommt. 1905 nimmt die neu gegründete schweizerische Vereinigung für Heimatschutz den «Kampf gegen das Reklame-Unwesen» auf: Das Land werde verschandelt durch Emailleschilder, Blech- und Papierplakate und direkt auf Fassaden und Stadtmauern aufgemalte Reklamebilder. Als besonders aggressiv empfinden die Heimatschützer Tobler. Eine Fotoserie in der Zeitschrift des Heimatschutzes von 1906 zeigt unter anderem das «Stadtbild von Bern, verunstaltet durch aufdringliche Reklameschmierereien».[61] Auf der Abbildung aus der Bundesstadt ist die Aufschrift Chocolat Tobler deutlich zu erkennen. Und der Presseschau im Heimatschutzheft ist zu entnehmen: «Wir wollen hier nur die Tatsache registrieren, dass auf der kurzen Strecke Bern–Bümpliz der SBB nicht weniger als 102 Schokoladehelgen (worunter allein 87 ‹Tobler›) dem Reisenden sich aufdrängen.» Auch vor der kostspieligen Werbung auf Trams schreckt Theodor Tobler nicht zurück und macht seine Schokolade den Fahrgästen und Passanten in Bern wie am Genfersee bekannt.

Schon vor dem Ersten Weltkrieg auch in Russland präsent: Emailleschild in altrussischer Schrift um 1910

Schneebedeckte Gipfel, weidende Kühe

Toblers Emailleschilder aus den frühen Jahren sind aus technischen Gründen einfach gestaltet und vom Firmennamen dominiert. Das soll die Kundschaft auf den Namen des neuen Anbieters aufmerksam machen. Daneben verwendet Tobler kleinere und grössere Plakate in deutscher, französischer, englischer, spanischer und russischer Sprache. Vor 1910 wirbt er für seinen Firmennamen, für seine Milchschokolade, Tobler-Kakao und die Schmelzschokolade «Bijou».

Beliebtestes Motiv in der Werbung ist zu dieser Zeit die Bergwelt: schneebedeckte Gipfel, grasende Kühe, Alphütten und Trachtenmädchen. Auch auf Toblers Firmenlogo ist eine Bergkulisse zu sehen, davor ein fliegender Adler mit Schweizer und Berner Fahne in den Krallen. Das Sujet ziert auch die Verpackung der Toblerone. Das Bergmotiv kommt in der Tobler-Werbung in vielen Variationen vor. Auf einem Plakat von 1915 lassen die Werber die sechs Buchstaben im Namen Toblers einen schneebedeckten Gipfel erklimmen und verstärken das Bild mit Alpenprosa: «Schweizer Schokoladen erreichen den höchsten Gipfel der Vollkommenheit.» Um 1915 wirbt das Matterhorn auf einem Plakat für Toblers Milchschokoladen. Andere Schweizer Schokoladefabrikanten setzen den berühmtesten Schweizer Berg schon vor 1900 für Werbezwecke ein. Die Firma Tobler erklärt den Nutzen des Matterhorns um 1920 wie folgt: «Die Tobler-Chocolade wird in grossen Quantitäten in der Fremde verkauft, wo die Schweizer-Chocolade sehr häufig nachgeahmt wird. Darum ist es wichtig, dass man beim Anblick des Namens Tobler auch gleich diesen charakteristischen Schweizerberg sieht, weil man dann gleich weiss, Tobler-Chocolade ist echte, in der Schweiz fabrizierte Chocolade.»[62]

Die damals in der Werbung häufige Kombination von Milchschokolade und heiler Alpenwelt dient laut dem Zürcher Genussmittelhistoriker Roman Rossfeld dazu, «der im internationalen Vergleich

Der erste gemeinsame Auftritt der Toblerone mit dem Matterhorn. Blechschild um 1925

noch jungen Industrie eine zumindest symbolisch weit zurückreichende Tradition und ein spezifisch nationales Image» zu verleihen.[63] «Hatte die Schokolade im 18. Jahrhundert noch als unschweizerisches, aristokratisches und der traditionellen Ernährung widersprechendes Luxusprodukt gegolten, wurde sie nun zu einem Tradition und Moderne, Alpenwirtschaft und Industrie verbindenden Element der nationalen Identität.»

Durch die gemeinsame Vorliebe der Schokolade- und Tourismuswerbung für alpine Sujets profitieren die beiden Wirtschaftszweige voneinander. Oder wie sich Theodor Tobler 1914 ausdrückt: «Dass auch eine Wechselwirkung in dem Sinne stattfindet, dass die zu Hunderttausenden gedruckten farbenreichen Plakate unserer Chocoladenprodukte überall im Auslande das hohe Lied des schönen Schweizerlandes singen und dadurch sicher befruchtend auf unsere schweizerische Fremdenindustrie wirken, sei hier nur nebenbei erwähnt.»[64]

Diese Verbindung zeigt sich zum Beispiel in der Person von Anton Reckziegel, ein Werbegrafiker und Maler, der sich als «Verkünder der Schönheit von Erdenflecken» bezeichnet und 1903 für Tobler das erste von zwei Plakaten entwirft. In die Schweiz gezogen haben den gebürtigen Böhmen die aufkommende Reisewerbung und seine Begeisterung für die Berge. Seit 1898 arbeitet er in Bern, seit 1902 als selbstständig erwerbender Werbegrafiker und Maler. Reckziegel entwirft vornehmlich Plakate für Eisenbahnen und besonders Bergbahnen und

Als Accessoire für Tobler-Fans gedacht: Werbeanstecker und Taschenspiegel von 1923

Berge, Chalet und Kühe: In der frühen Schokoladewerbung ein beliebtes Motiv. Plakat von Anton Reckziegel, 1903

© Schweizerisches Alpines Museum, Bern

Rechte Seite: Männer treten in der Werbung meist als Sportler oder Autoritätspersonen auf: Das erste bekannte Toblerone-Plakat um 1915, mit Text in Reform-Esperanto (Ido)

prägt damit «die frühe Entwicklungsphase der touristischen Werbung für die Schweiz wie kaum ein anderer».[65] Für Tobler zeichnet Reckziegel ein Chalet bei Adelboden im Berner Oberland und eine Ansicht der Stadt Bern mit den Berner Alpen im Hintergrund.

Die Tobler-Fabrik in der Länggasse ist auf der Stadtansicht nicht abgebildet. Sie kommt als Werbemotiv – wie bei anderen Unternehmen – vor allem auf Brief- und Rechnungsköpfen vor. Für den spanischen Markt lässt Tobler aber um 1910 ein Blechplakat herstellen, auf dem die Fabrik stolz den Vordergrund dominiert. Auch dieses Plakat gibt zugleich den Blick frei auf die schneebedeckten Gipfel der Berner Alpen und huldigt so ebenfalls den touristischen Sehenswürdigkeiten und üblichen Bergmotiven der Schokoladewerbung.

Der spät entdeckte «Star»

Das Potenzial der 1908 auf den Markt gebrachten Toblerone bleibt am Anfang unentdeckt. Jedenfalls spielt das Produkt in der frühen Tobler-Werbung keine Rolle. Das erste Toblerone-Plakat erscheint um 1915 und zeigt einen Lehrer, der vor einer Wandtafel steht und den Kindern das Produkt schmackhaft machen will. Die erste datierbare Annonce stammt von 1917: Zu sehen ist nicht die Schokolade, sondern eine Biene, die an den Honig in der Toblerone erinnern soll.[66] Erst um 1920 gewinnt die Toblerone in der Werbung an Bedeutung. Tobler verstärkt nun im Inland die Reklameanstrengungen für seine Produkte, um hier den Umsatz zu steigern und so die Absatzprobleme zu kompensieren, die im Zuge hoher

Suisiana
Lakto-
Chokolado-
Toblerone
Linguo
Internaciana
„Ido"
Reform-Esperanto
TOBLERONE
Tobler

Tobler
Swiss
Le Toblerido
TOBLERONE

Zollschranken und Währungsschwankungen auf ausländischen Märkten entstanden sind.

In Toblers Werbeabteilung herrscht Hochbetrieb. «Die Organisation unserer Propaganda wird ununterbrochen, systematisch ausgebaut.»[67] Die Propagandaleute tüfteln Werbesprüche und Zeitungsannoncen aus, beauftragen Plakatkünstler im In- und Ausland und geben für die Detailhändler eine Zeitschrift namens «Jurnalo Tobler» heraus.[68] Das «Organ für geschäftlichen Fortschritt», so der Untertitel, soll die Ladenbesitzer für die Tobler-Produkte gewinnen und zeigen, wie diese anzupreisen sind.

Tobler vermarktet die Toblerone in den frühen 1920er Jahren als eine von drei «Weltmarken», zusammen mit der rhombusförmigen Nimrod (1913) und der sechseckigen Toblerido (1920): «Für unsere drei Weltmarken wirbt eine intensive Propaganda, die anderen Tobler-Chocoladen verkaufen sich daneben ganz von selbst, weil ihr Preis für sie Reklame macht, daher der Name Reklame-Chocoladen.»[69] Jeder Schokoladeverkäufer verbinde so mit dem Namen Tobler «etwas ganz besonders Feines und Delikates, wodurch auch alle anderen Tobler-Chocoladen leicht verkauft werden».[70] Hinter diesem Vorgehen stecken sortimentsstrategische Überlegungen: Wenn «ein Artikel isoliert dasteht, vermag keine Reklame ihn dauernd und fliessend zu verkaufen; er muss durch ein Sortiment gestützt werden, während anderseits eine stark propagierte Einzelware imstande ist, ein ganzes Sortiment zu beleben».

Die drei «Weltmarken» sollen unterschiedliche Zielgruppen ansprechen: «Toblerone für Frauen und die Jugend. Nimrod für die Männerwelt. Toblerido für alle Schokoladekenner mit kultiviertem Geschmack.»[71] Von der Toblerido erhofft sich Tobler «eine neue Etappe» auf dem «weltweiten Siegeszug» der Schweizer Schokolade: »Sie wird die Schokolade der vornehmen Welt sein.»[72] 1923 fasst die Firma die mit den einzelnen Produkten angepeilte Kundschaft noch breiter: «Toblerone für klein und gross, Tobler-Nimrod für körperlich und geistig Arbeitende, Toblerido für Feinschmecker.»[73] Im selben Jahr bringt Tobler die Geschenkpackung «3 Stars» auf den Markt: «Toblerone, Toblerido und Tobler-Nimrod in einer eleganten, dreieckigen Bonbonniere vereinigt.»

Im Einklang mit dieser Strategie sind auf vielen Tobler-Plakaten der 1920er Jahre die zum gemeinsamen Auftritt vereinten Toblerone, Nimrod und Toblerido zu sehen. Auf einem Plakat von 1921 blickt eine Dame auf drei schwarze Knaben, die

Schon ein wenig modern: Stilisiertes Kind in Winterkleidung mit überdimensionierter Toblerone, Plakat von 1928

Linke Seite:
Die frühe Werbung stellt vielfach nicht das Produkt ins Zentrum, sondern erzählt eine «Story». Tobler-Plakat von 1924

je einen der Tobler-Stars darbieten. Das Motiv nimmt eine Strömung aus der zweiten Hälfte des 19. Jahrhunderts auf, als quasi-höfische Szenen mit schwarzen Dienern der Schokolade eine noble Aura geben wollen und sie als exklusives Statussymbol inszenieren. In der Idee ähnlich ist das Weihnachtsplakat von 1924 mit den Heiligen Drei Königen, die Toblerone, Toblerido und Tobler-Kakao zum Geschenk reichen. Die Weihnachtsgeschichte wird zu Werbezwecken aufgegriffen, wobei der Mohr mit dem Kakaopulver jenes Geschenk trägt, das vergleichsweise wenig veredelt ist.

Bezeichnend für dieses und viele andere Plakate aus jener Zeit, die gewissermassen eine «Story» erzählen, ist eine «auffallende Zurückstellung des Produktes selbst», wie ein werbegeschichtlich interessierter Redaktor der Tobler-Mitarbeiterzeitschrift in den 1960er Jahren feststellt. Als Grund vermutet er, die Künstler hätten sich primär mit der Geschichte befasst und darob die werbetechnische oder psychologische Gestaltung des Werkes vernachlässigt: «Der Tänzer im Karneval hält nur eine kleine Toblerone in der Hand, der Verkäufer auf dem Eisenbahnperron hält auf seinem Tablett irgendwo noch ein Toblerone-Bündel feil, und der vorderste der Heiligen Drei Könige trägt einfach als Gabe eine Toblerone.»[74] Allerdings gibt es auch in den frühen 1920er Jahren schon einzelne Tobler-Plakate, die keine Geschichte erzählen, sondern auf das Produkt fokussiert sind: So prasseln Toblerone, Toblerido und Nimrod zum Beispiel aus einem Füllhorn oder sind wie Blumenblüten angeordnet.

«Die Königin der Chocoladen»

Parallel zur Strategie der drei «Weltmarken» sind bald auch Anstrengungen erkennbar, die Toblerone unter den «neuartigen» Tobler-Produkten als besondere Spezialität zu positionieren. In einer Werbebroschüre, die wahrscheinlich kurz vor 1920 entsteht, heisst es: «Aber eine ganz besondere und sonst nirgends zu findende Chocoladegattung ist die Toblerone, welche aus Milchchocolade, Mandeln und schweizerischem Alpenhonig besteht, daher besonders angenehm und nahrhaft ist.»[75] 1921 wird die Toblerone mit einer Werbeaktion in London speziell gefördert: «Eine ganze Brigade von nett gekleideten Männern» verteilt auf dem Westminster-Platz Müsterchen der Schokolade. «Es wird wohl bald in ganz London keinen Menschen geben, dem der Name Toblerone nicht bekannt sein wird, und dabei hat diese Stadt mehr Einwohner als die gesamte Schweiz.»[76] 1927 preist die Firma ihre Toblerone in einem ganzseitigen Inserat in der Zeitschrift «Schweizer Heim» als «die Königin der Chocoladen» an.[77] In der verstärkten Hinwendung zur Toblerone spiegelt sich wahrscheinlich eine veränderte Einschätzung der Marktchancen der drei «Weltmarken». Die Verkaufszahlen entwickeln sich offenbar unterschiedlich. 1924 stellt Tobler fest, der Absatz der Nimrod sei zwar bedeutend, habe aber nicht den Umfang, den er der Güte und Zweckmässigkeit der Ware entsprechend haben könnte.[78]

Der wachsende Stellenwert der Toblerone spiegelt sich auch in Toblers Ratschlägen an Lebensmittelhändler, Bäcker und Konditoren, wie sie ihre Schaufenster nutzen sollen. In den empfohlenen Schaufensterdekorationen dominiert zahlenmässig klar die Toblerone. 1921 preist Tobler folgende Schaufenster-Präsentation als besonders «einfach» an: «Zwei Toblerone-Säulen, eine Pyramide aus kleinen Paketen, darüber das allerliebste Schwebeplakätchen ‹Ihre Herzenslust›, und nichts anderes. Der Hintergrund ist hellgrün, die Garnitur violett, der Gesamteindruck durchaus vornehm und einprägsam.»[79] 1924 regt Tobler an, aus Toblerone «einen schönen Turm zu bauen» und diesen «an einen gut sichtbaren Platz zu stellen und so hoch als möglich zu machen».[80]

Das Schaufenster als Werbefläche ist damals noch keine Selbstverständlichkeit. Tobler spricht

Rechte Seite:
Präsentation der Zutaten: So verbinden die Grafiker die Natürlichkeit der Milch mit der Exotik der Tropen. Anzeige von 1927

TOBLERONE die Königin der Chocoladen
TOBLERONE
Mandeln
Honig
Cacao
Milch
Immer und überall TOBLERONE
die Chocolade für jede Gelegenheit
In vier Grössen: 150/90 100/60 50/30 und 25 Gramm/20 Cts.
Wir fabrizieren keine Toblerone 80 Gr.-Blocks zur nur 50 Cts.

Erotische Genussphantasien: Kino-Lichtbild aus den 1920er Jahren

von einer «modernen Erscheinung», die so neu sei, «dass es notwendig wird, sich über dieses neuzeitliche Gebilde klar zu werden, seinen Gesetzen nachzuspüren und seine Bedingungen zu erforschen». Nicht jeder Kaufmann sei in der Lage, sein Schaufenster auszugestalten. Deshalb gebe die Firma ihren Kunden «Gelegenheit, sich durch ihre Propaganda-Abteilung in allem Rat zu holen». Tobler nimmt für sich in Anspruch, als Erster in der Schweiz «eine eigene Abteilung für Schaufenster-Dekoration in ihrem Propagandabureau errichtet zu haben».[81]

Blonde Mädchen, fürsorgliche Mütter, sportliche Männer

Die drei «Weltmarken» tauchen auf den Plakaten nicht nur gemeinsam auf, sondern auch jede für sich. Ein Plakat zeigt eine Mutter-Kind-Szene in gutbürgerlicher Wohnstube, und die Botschaft ist klar: Eine liebevolle und treu sorgende Mutter kauft ihren Kindern Toblerone. Dies ist in jener Zeit ein bevorzugtes Motiv in der Schokoladewerbung, denn die Frau hat sich im bürgerlichen Geschlechtermodell um Haushalt und Einkauf zu kümmern. Diese Rollenzuteilung macht die Konsumentinnen zur interessanten Zielgruppe der Reklame. Die Frauen kommen in der Werbung aber auch als Objekt der Begierde vor: In einem Zeitschrifteninserat von 1928 sind ein Mann mit Toblerone und eine Frau am Gartentor zu sehen, dazu heisst es: «Zur Sommerzeit, wenn Blumen blühn, / fühlt man sein Herz aufs neu erglühn. / Dabei ist nützlich manchmal zweifelsohne, / wie man es auf dem Bild hier sieht – die Toblerone.»[82] Ein Lichtbild für Kinos zeigt in den 1920er Jahren eine Toblerone geniessende Frau mit entblösster Schulterpartie, wobei pikanterweise auch der Ansatz ihres Busens sichtbar ist. Das Bild spielt eindeutig mit erotischen Fantasien. 1936 tritt ein Mann mit Toblerone in der Hand als Verführer einer geheimnisvollen sitzenden Schönheit auf, von der nur eine Rückenansicht zu sehen ist.

Rechte Seite:
Mütter und Kinder aus dem bürgerlichen Milieu sind die Hauptzielgruppe der Schokoladewerbung. Plakat aus den frühen 1920er Jahren

TOBLERONE
H.R.Pfeiffer
TOBLERONE

Auch Männer sollen Toblerone kaufen: Schokolade als Energiespender. Anzeige von 1927

Noch häufiger als Frauen zeigen Toblers Plakate im ersten Drittel des 19. Jahrhunderts Kinder: Wohlgenährte und vergnügte Kinder gelten damals als Symbol für Gesundheit. Obschon in der Schokoladewerbung hundertfach bekannt, nimmt Tobler 1921 für sich in Anspruch, mit einem «blonden Mädchen», das zwei Toblerone-Pakete in den Händen hält, ein «originelles Reklameobjekt» geschaffen zu haben.[83]

Die Schokoladewerbung verweist seit ihren Anfängen auch gerne auf die Herkunft des Kakaos und befriedigt so nicht zuletzt Sehnsüchte nach fernen Ländern. Auf dem Plakat des in Zürich tätigen Künstlers Emil Huber begleiten aus dem Meer springende Schwertfische ein Kanu, das mit einer überdimensionierten Toblerone beladen ist, während am Palmenstrand Afrikanerinnen vor ihren Hütten stehen und die seltsame Fracht bestaunen. Auch das Inserat von 1927, das die Toblerone als «Königin der Chocoladen» bezeichnet, zeigt neben anderen Figuren eine Afrikanerin mit Kakaobohnen, gefolgt von einem Senn, der

Milch schleppt. Diese Darstellung der Zutaten verbindet die Idee von der Natürlichkeit der Milch mit der Exotik der Tropen.

Wenn die Toblerone 1922 in einem Plakatmotiv auf einen Springreiter trifft, spiegelt sich darin die Absicht, den Kreis der potenziellen Toblerone-Konsumenten über Kinder und Frauen hinaus zu erweitern. 1927 zeigt ein Inserat vor dem Tor kämpfende Fussballer und feiert die Toblerone als «Grundlage des Sieges».[84] In einer Annonce aus demselben Jahr werben zwei sportliche Männer für die Toblerone, im Hintergrund sind Skis zu sehen und ein Skifahrer mit einer Peitsche in der Hand, der sich von einem Pferd durch den Schnee ziehen lässt.[85] Hier ist die Toblerone «Schokolade für jede Gelegenheit». 1932 bringt Tobler das «Toblerone Sports-Pack» auf den Markt und zeigt in der Werbung zwei Ringer und

Zwischenverpflegung für gutbetuchte Freizeitsportler. Anzeige von 1922

Tobler Chocolat
TOBLERONE
CHOCOLAT AU LAIT SUISSE
(AUX AMANDES & MIEL)
LE PREMIER BREVETÉ N°46708 ET MODÈLE N° 20084
LUDWIG HOHLWEIN
MÜNCHEN
DRUCK: HERM. SONNTAG & CO. MÜNCHEN

Moderne Werbesprache: Produkt und Sujet in effektvoller Kombination. Plakat von 1932

den Slogan: «Wer diesen Sport treibt, braucht Toblerone.»

Im Plakat «Morgenrot» von 1925 sind zwar keine Alpinisten zu sehen, dafür schwebt die Toblerone vor einer imposanten Bergkette. Das Plakat nimmt die Bergwelt-Motive der frühen Tobler-Milchschokolade-Werbung auf und wirbt in Englisch für die «Delicious Swiss Milk Chocolate with alpine honey and almonds». Das eindrücklichste Toblerone-Berg-Motiv schafft in den 1920er Jahren aber der renommierte Plakatkünstler Emil Cardinaux: Ein dreieckiges Blechplakat zeigt eine geöffnete Tobleroneverpackung vor dem Matterhorn. Der Name des Produkts leuchtet in sattem Dunkelrot. In seiner Abstraktion ist dieses Werbeschild hochmodern. In den 1930er Jahren wird das Sujet auch als überformatiges Emailleschild (2,5 x 1,8 m) produziert. Es handelt sich dabei um Eisenbahnwerbung, die an Scheunentoren und Hausfassaden montiert wird: Die Buchstaben sind so gross, dass die Zugreisenden den Namen Toblerone schon aus weiter Entfernung lesen können.

Künstlerisch wertvoll ist auch der geheimnisvolle schwarze Adler von 1932, der eine geöffnete Toblerone zu bewachen scheint. Kreiert hat das Plakat der erfolgreiche Plakatkünstler Leonetto Capiello, gebürtiger Italiener und in Frankreich als Nachfolger von Toulouse-Lautrec gefeiert. Ein anderes Plakat aus demselben Jahr zeigt ebenfalls eine geöffnete Toblerone mit Adler, wobei dessen Flügel geöffnet sind und die stilisierten Federn an die Zacken der Toblerone erinnern. Beide Plakate kommen wie das Matterhorn-Schild von Cardinaux mit wenig Text und Bild aus und wirken als Gesamteindruck.

In der Luft und auf der Leinwand

In der Zeitschrift «Schweizer Heim» erscheint 1927 ein ganzseitiges Inserat, das ein mit einer riesigen Toblerone bepacktes Flugzeug zeigt. Es ist die auf «Switzerland» getaufte Maschine von Walter Mittelholzer, dem legendären Schweizer Flugpionier, der als erster Mensch per Flugzeug Afrika überquert hat. In einem abgedruckten Brief bedankt sich Mittelholzer «für die freundliche Mitgabe Ihrer Chocolade als Notproviant. Vor allem war es Ihre Toblerone, die uns auf dem Fluge immer ein willkommenes und hochgeschätztes Nahrungsmittel war».[86] Die Aktion bewegt sich zwischen früher Form von Sponsoring, Prominentenwerbung und Abenteuer-Inszenierung.

Linke Seite:
Verführung und Erotik als beliebte Motive der Schokoladewerbung. Plakat von 1936

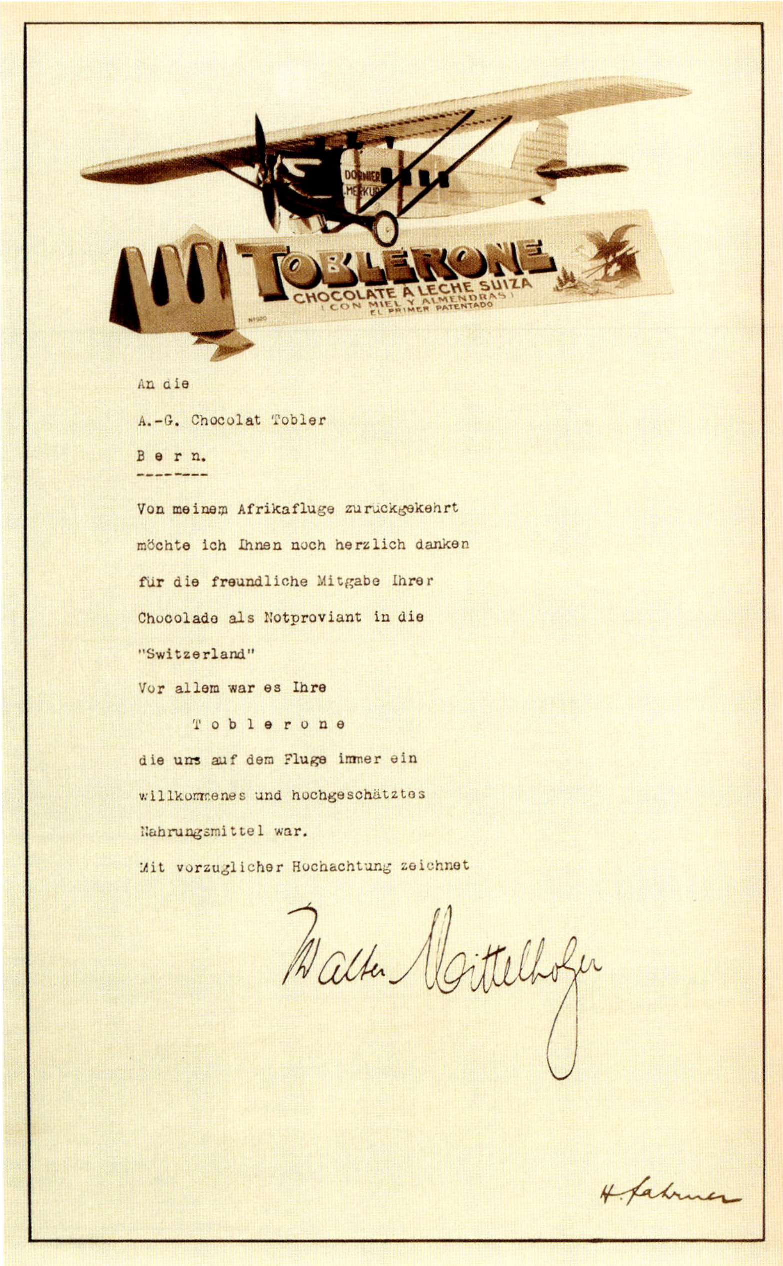

TOBLERONE
CHOCOLATE A LECHE SUIZA
(CON MIEL Y ALMENDRAS)
EL PRIMER PATENTADO

An die

A.-G. Chocolat Tobler

B e r n.

Von meinem Afrikafluge zurückgekehrt möchte ich Ihnen noch herzlich danken für die freundliche Mitgabe Ihrer Chocolade als Notproviant in die "Switzerland"

Vor allem war es Ihre

T o b l e r o n e

die uns auf dem Fluge immer ein willkommenes und hochgeschätztes Nahrungsmittel war.

Mit vorzüglicher Hochachtung zeichnet

Walter Mittelholzer

Frühform des Sponsoring: Gratis-Toblerone für die Afrika-Überquerung des Flugpioniers Mittelholzer, Anzeige von 1927

Tobler spannt in den 1920er Jahren auch andere Prominenz für Werbezwecke ein. 1924 verkündet das «Jurnalo Tobler», dass die Firma «in Anerkennung und Würdigung ihrer vorzüglichen Produkte, zum Lieferanten des königlichen Hofes von Dänemark ernannt» worden sei.[87] Unterzeichnet ist das Diplom vom Hofmarschall Christians X. auf Schloss Amalienborg. Im Jahr 1926 kauft sich Tobler das Recht, sich als «Hoflieferant» von König Alexander von Jugoslawien bezeichnen zu dürfen.[88]

Früh entdeckt Tobler nebst Lichtbildern auch den Film als Werbemittel. Im «Bestreben, ihre Geschäftsfreunde im Verkauf ihrer Artikel weitgehend zu unterstützen», gibt die Firma 1924 einen «Reklame-Film» heraus, der innert eines Jahres der Reihe nach in allen Kinos der Schweiz gezeigt wird. Der Zeichentrickfilm empfiehlt «alle Tobler-Produkte» und erscheint auch als Bilderbuch.[89] Theodor Tobler, der schon um 1910 einen Film von sich und seiner Familie drehen lässt, ist von den Medien Film und Fotografie fasziniert. Kinoreklame will er auch 1932 einsetzen, um die Neukreation Toblerama bekannter zu machen. Dem Verwaltungsrat von Chocolat Tobler unterbreitet er folgenden Vorschlag: «Die Praesens-Filmgesellschaft offerierte uns, drei Tonfilme mit je zwei Kopien zum Preise von Fr. 15 000.– zu liefern. Diese sechs Kopien würden in der Schweiz während 26 Wochen lang in irgend einem Kinematographen laufen, so dass diese Filmpropaganda im ganzen 156 Filmwochen umfassen würde.» Die Kosten für Tobler: 4500 Franken Barzahlung und eine Sieben-Prozent-Beteiligung am Schweizer Umsatz der Toblerama bis Ende 1933. Verwaltungsratspräsident Otto Wirz kann sich zwar mit dieser Art von Propaganda «grundsätzlich» befreunden, «hat jedoch das Gefühl, dass sich ein anderer Artikel, z.B. Caotonic, besser eignen würde».[90]

Goldmedaille

Für die stark exportorientierte Schweizer Schokoladeindustrie sind internationale Messen und Ausstellungen ein wichtiges Vehikel, um sich auf dem Weltmarkt bekannt zu machen. An solchen Ausstellungen bewertet zudem eine Fachjury die Produkte und verteilt Medaillen, die sich wiederum für die Werbung verwenden lassen. Toblers Messekarriere beginnt 1901 an der Konditorei-Fachausstellung in Mannheim, wo er eine Goldmedaille erhält. Zu den weiteren Stationen gehören die «Exposition internationale» in Lille 1902, die «Trades, Arts and Industries Exhibition» in Plymouth 1905 und im Jahr darauf die Hygiene- und Lebensmittelausstellung in Paris.[91] Laut eines Briefkopfes aus den Jahren 1907/08 hat die Firma bis zu diesem Zeitpunkt 27 «Grands Prix» oder goldene und silberne Medaillen erhalten. 1908 gewinnt Tobler eine Goldmedaille an der «Grocers, Baker & Confectionary Exhibition» in Liverpool. 1910 stellt die Firma an einer internationalen Ausstellung in Odessa aus, 1913 in Clermont-Ferrand und 1914 in Nantes. Drei Wochen nach Ausbruch des Ersten Weltkrieges öffnet die «Koloniale Tentoonstelling 1914» in Semarang, damals holländische Kolonialstadt an der Nordküste Javas, ihre Tore. Auch Tobler ist dabei und hofft, in Asien Fuss zu fassen. 1914 ist Tobler mit anderen Firmen im Pavillon der Schokoladeindustrie an der schweizerischen Landesausstellung in Bern vertreten. Mit der umtriebigen Messeteilnahme im Ausland ist es aber mit Ausbruch des Ersten Weltkrieges vorerst vorbei.

Nach dem Krieg nimmt Tobler zunächst wieder an Messen in der Schweiz teil. 1924 präsentiert er an der Kantonal-Bernischen Ausstellung für Gewerbe und Industrie seine «bestbekannten» Produkte – unübersehbar die Toblerone – in einem «prächtigen Chalet». Die Firma demonstriert die automatische Einwickelmaschine und verteilt gratis die Broschüre «Was bezwecken die Tobler Reklame-Marken». Der «Clou vom ganzen ist aber der Ausschank des köstlichen Tobler-Cacaos». «Kein Wunder, dass das Chalet zu gewissen Zeiten förmlich belagert wird. Ein solches Getränk,

Messen als internationale Werbebühne. Auszeichnung für Tobler von 1932

KANTONAL BERNISCHE AUSSTELLUNG
FÜR GEWERBE UND INDUSTRIE 1924 BURGDORF
VERBUNDEN MIT TEMPORÄREN LANDWIRTSCHAFTLICHEN UND GARTENBAUAUSSTELLUNGEN

DIPLOM

FÜR FIRMA

TOBLER A.-G., CHOCOLATFABRIK, BERN

DAS PREISGERICHT HAT NACH EINGEHENDER PRÜFUNG UND WÜRDIGUNG IHRER ARBEIT IN GRUPPE 13, NAHRUNGS- & GENUSSMITTEL ZUERKANNT EINE

GOLDENE MEDAILLE

DIESE URKUNDE, DIPLOM I. KLASSE BERECHTIGT ZUM BEZUG DER MEDAILLE

FÜR DAS ORGANISATIONSKOMITEE
DER PRÄSIDENT:

FÜR DAS OBERPREISGERICHT
DER OBMANN:

Die an Messen erhaltenen Medaillen und Auszeichnungen lassen sich als Werbemittel einsetzen. Urkunde von 1924

und dazu noch gratis, verschmäht wohl selten ein Besucher.»[92]

Im Ausland wird die Schokoladefirma aus Bern in den 1920er Jahren zweimal ausgezeichnet: 1923 in Strassburg für ihre sozialen Einrichtungen und 1929 an der «Exposicion Internacional Barcelona» mit dem «Gran Premio» für ihre Schokoladen. 1932 gibt es eine Auszeichnung in Gold in Tel Aviv und 1939 an der «New York World's Fair» ein Diplom. Im selben Jahr nimmt Tobler an der Landesausstellung in Zürich teil. Während des Zweiten Weltkrieges stellt Tobler in der Schweiz unter anderem an der Mustermesse in Basel (Muba) aus.

Schöne neue Konsumwelt

Nach Theodor Toblers Demission als Direktor im Jahr 1933 legt der Verwaltungsrat die Werbestrategie fest.[93] Im Zweiten Weltkrieg werden die Reklametätigkeiten fast ganz eingestellt. Schon 1944 bereitet der Verwaltungsrat aber die Wiederaufnahme der Werbung vor, beschliesst eine Reorganisation der zuständigen Abteilung und entscheidet sich für ein neues Signet: ein einfaches Schildwappen mit dem «T» und einer Mauerkrone, das in Zukunft auf allen Tobler-Packungen, -Reklamen, -Briefköpfen etc. erscheinen soll. Mit dem kräftigen Wirtschaftsaufschwung in den 1950er Jahren schnellen auch die Werbeausgaben wieder in die Höhe.[94] Die Firma Tobler fällt durch aufwändige und kostspielige Werbeaktionen auf: In allen Schweizer Städten schickt sie Helikopter in die Luft, aus denen Tobler-Flugblätter abgeworfen werden. 1954 liebäugelt der Ausschuss des Verwaltungsrates sogar damit, einen eigenen Helikopter anzuschaffen, um derlei Werbeaktion

Das neue Tobler-Logo von 1944

Aufwändige Werbeaktionen in den 1950er Jahren: Das Plakat von 1953 vermarktet den von Chocolat Tobler mitfinanzierten, angeblich ersten Helikopterflug über die Alpen

Helikopter erregen damals Aufsehen, weil sie noch kaum verbreitet sind

Rechte Seite:
Romantische Werbung im Wirtschaftsboom der 1960er Jahre, Anzeige von 1964

Nächste Seite:
«Reisen, frei sein – das macht uns Spass»: Die Werbung spiegelt die Ideale der aufkommenden Konsum- und Freizeitgesellschaft. Plakat von 1967

Kinder sind auch in den 1950er Jahren eine beliebte Zielgruppe. Anzeige von 1958

fortan regelmässig durchführen zu können. Wegen der hohen Unterhaltskosten lässt er das Projekt aber schliesslich fallen.

Von besseren Zeiten für den Export zeugen Werbeaktionen im Ausland: 1950 wird auf dem Capurro-Hochhaus in Genua eine grosse Toblerone-Leuchtschrift montiert.[95] Ein Plakat von 1952 setzt die in den 1920er Jahren begonnene Inszenierung der Toblerone als weltweite Bekanntheit fort: Ein Schweizer, eine Asiatin und eine Afrikanerin in Federröckchen schreiten, eine Riesen-Toblerone geschultert, zügig voran.[96] 1953 vermeldet der Geschäftsbericht, dass sich der Absatz im Ausland gut entwickle. 1956 wird das Werbebudget auf 922 000 Franken aufgestockt. Das Inserat zum 50-Jahr-Jubiläum der Toblerone setzt wie in den frühen Jahren der Schokolade-Reklame auf die Alpen respektive das Matterhorn. Die Toblerone erscheint neben dem berühmtesten Schweizer Berg und dem Slogan: «Die Weltmarke – 50 Jahre Toblerone».

Mit der immer grösseren Bedeutung der Werbung entsteht der Beruf des Grafikers, der an die Stelle des früheren Plakatkünstlers tritt. Die Werbung wird auch sonst professioneller: In den 1960er Jahren vertraut sich Chocolat Tobler der Werbeagentur Gisler & Gisler an, die bis Mitte der 1970er Jahre für Tobler die gesamte Werbung für die Schweiz gestaltet. Von nun an gibt es eine einheitliche Planung, in der die Werbekampagnen für ein Jahr festgelegt werden.[97] Die Agentur will ein Publikum ohne Altersgrenzen ansprechen, während für andere Schokoladensorten damals häufig die Devise gilt, die Werbung möglichst jung und dynamisch zu gestalten.

Der eigene Stil von Gisler & Gisler besteht darin, das Produkt selbst in den Vordergrund zu stellen. Zwar ist auf einer Plakatserie von 1964 über der Toblerone noch ein grosser herzförmiger Ausschnitt zu sehen, der den Blick auf eine Berglandschaft mit Kutsche oder auf eine Frühlingswiese mit Liebespaar freigibt. Abgesehen davon gibt es jetzt aber für die Toblerone nur noch reine Produktplakate: zum Beispiel das schlicht gestaltete, rot umschlaufte «Toblerone-Bündel» von 1964. Das Plakat wird auch auf Plexiglas gespritzt und als wetterfestes Aushängeschild bei Sportplätzen oder an den Eingängen von Lebensmittelläden montiert.

Eine breit gefächerte Toblerone-Kampagne setzt 1967 auf Konsumentenwerbung, Verkaufshilfen sowie Dekorationsmaterial. Mehrfarbige Inserate in grossen Illustrierten und Frauenzeitschriften zeigen eine Frau mit Toblerone und dem Claim:

Chocolat Tobler
TOBLERONE
SCHWEIZER MILCH-SCHOKOLADE
MIT HONIG & MANDELN
CHOCOLAT TOBLER, BERN (SCHWEIZ)

weltweit
begehrt
TOBLERONE
CHOCOLAT AU LAIT SUISSE
FABRIQUÉ EN SUISSE
100 g
weltweit
bekannt
Weg vom Alltag! Reisen, frei sein –
das macht uns Spass, das geniessen wir. Wie die Toblerone,
die weltberühmte Milchschokolade
mit Mandeln
und Honig.
Chocolat Tobler
Die Weltmarke

«Weltweit begehrt – weltweit bekannt.» Der restliche Text spiegelt die Ideale und neuen Möglichkeiten der Konsum- und Freizeitgesellschaft: «Weg vom Alltag! Frei sein – das macht uns Spass, das geniessen wir. Wie die Toblerone, die weltberühmte Milchschokolade mit Mandeln und Honig.» Ein TV-Spot zeigt einen Toblerone-Turm. In allen grösseren Orten und Kurorten werden Toblerone-Plakate ausgehängt, darunter das Toblerone-Bündel. Discountern und Lebensmittelläden lässt Chocolat Tobler als «Anregung» Fotos verschiedener Toblerone-Türme zukommen. Zudem liefern die Vertreter Verkaufshilfen wie den «Turmboden», auf dem sich die Tobleronen auftürmen lassen, das Hängebild «Alphornbläser» und verschiedene Dekorationen für Schaufenster. 1968 wird der erste «I like Toblerone»-Button verteilt und damit ein Accessoire der Hippie-Kultur für kommerzielle Zwecke eingesetzt.

1969 folgt eine zweite grosse Toblerone-Aktion, die den TV-Spot «Toblerone Mundharmonika» beinhaltet. Der Film, der auf dem internationalen Werbefilm-Festival von Cannes ausgezeichnet wird, zeigt einen kleinen Buben, der mit einer Toblerone Mundharmonika spielt und sich dabei den Mund über und über mit Schokolade verschmiert. Der Toblerone-Konsum wird hier als lustvolle und zugleich witzige Angelegenheit dargestellt. 1969 ist auch das Jahr eines spektakulären Product Placement: Im James-Bond-Film «On her Majesty's Secret Service», der teilweise im Berner Oberland gedreht wird, findet sich eine 30 Sekunden lange Sequenz, in der Tobler-Produkte in einem Kiosk zu sehen sind.

Der «Tobler-Bär» prägt den Werbeauftritt von Chocolat Tobler in den 1950er Jahren. Anzeige von 1950
Unten: Tobler-Lieferwagen und Spielzeugmodell, um 1960

Zweimal in New York: An der World's Fair von 1939 …

Schokolade, Demokratie und Kalter Krieg

Internationale Ausstellungen und Messen bleiben für die Schweizer Schokoladeindustrie auch nach dem Zweiten Weltkrieg eine wichtige Werbebühne. Auf der Weltausstellung in Brüssel nutzt Chocolat Tobler 1958 das Potenzial des Matterhorns, richtet ein Restaurant Mont Cervin – der französische Name für das Matterhorn – ein und vereint auf einem Plakat Toblerone und Matterhorn. Das Restaurant mit 500 Plätzen steht am Fuss des Atomiums, des Brüsseler EXPO-Wahrzeichens. «Die Idee, ein Mont-Cervin aufzubauen, war glänzend und wird ohne Zweifel vielerorts in der Welt die günstigsten Grundlagen schaffen, um das überall gepriesene Produkt der Firma noch vermehrt zu verkaufen.»[98]
Auch 1965 legt die Firma «besonders Gewicht auf die Werbung im Ausland», wie es im Geschäfts-

… und 1964. Tobler-Hostessen buhlen um die Aufmerksamkeit des Publikums

bericht heisst. «So waren unsere Produkte an der Wiener Messe und an der Anuga in Köln sowie an der World's Fair in New York vertreten. Unsere beiden Verkaufsstände in New York, an welchen Schweizer Mädchen in hübschen Tobler-Uniformen unsere Produkte anboten, hatten auch im zweiten Halbjahr einen schönen Erfolg zu verzeichnen, der dazu beitrug, den Namen Tobler bei einem weiten Kreis bekannt zu machen.» Der Stand ist in einem Chalet untergebracht, auf dem «in schönen, grossen Lettern» geschrieben steht: «Schweiz, seit 1291 die älteste Demokratie der Welt, nur durch Friede und Verständigung.»[99] Damit setzt die Schokoladewerbung im Kalten Krieg nun auch auf das Image der neutralen Schweiz als traditionsreiche stabile Demokratie und verlässliche Partnerin im Kampf gegen die Kommunisten.

Um eine Verbindung zwischen Käse und Schokolade herzustellen, erfindet 1964 eine New Yorker Werbeagentur im Auftrag von Tobler das Toble-

Käse und Schokolade: Marketingspezialisten schaffen in den 1960er Jahren mit dem Toblerone-Fondue eine Verbindung zwischen zwei Schweizer Symbolen

Prominenten-Besuche als Werbeinstrument: Die Schweizer Schauspielerin Liselotte Pulver besichtigt 1958 die Berner Fabrik – und degustiert sichtbar

rone-Fondue.[100] Einen grossen Auftritt hat dieses an der Weltausstellung 1967 in Montreal. Chocolat Tobler führt dort gemeinsam mit der Schweizer Käseunion ein Restaurant, den «Swiss Fondue Pot». 70 Frauen und Männer sind im bergförmigen, modern aussehenden Pavillon angestellt.[101]

Die Expo zieht insgesamt 56 Millionen Besucher an. «Nach vorsichtigen Schätzungen haben in den 185 Tagen der Ausstellung [...] ca. 4 Millionen Gäste den ‹Swiss Fondue Pot› besucht. Eine wirklich phantastische, nie erwartete Zahl.» Für die Marke Tobler/Toblerone bedeutet die Ausstellung den Durchbruch im kanadischen Markt.[102] Während der Weltausstellng 1970 in Osaka/Japan verkauft die Firma mit 41 Helfern nebst Soft Ice und Souvenirs während der 183 Tage dauernden Ausstellung rund 1,75 Millionen Schokoladetafeln.[103]

Werbung mit dem WWF

Um vom Glanz prominenter Persönlichkeiten zu profitieren, organisiert Chocolat Tobler offensiv Fabrikbesuche von Weltstars, Staatspräsidenten, Militärs und gekrönten Häuptern. In den 1950er Jahren kommen der legendäre Marathonläufer Emil Zatopek, Olympiasieger 1952 von Helsinki, in die Berner Fabrik, Indiens erster Premierminister Nehru, der liberianische Staatspräsident, Prinzessin Sophia von Griechenland, der Schweizer General Henri Guisan, Schauspielerin Liselotte Pulver und Feldmarschall Montgomery. In den 1960er Jahren folgen der Schweizer Bundespräsident Traugott Wahlen, der österreichische Ski-Olympia-Sieger Toni Sailer und US-Astronaut John Glenn. Im Prominenten-Ferienort Gstaad im Berner Oberland lässt sich 1966 eine Fotoaufnahme von Jacqueline Kennedy mit ihren Kindern arrangieren, die eine mit Toblerone gefüllte Tasche tragen. Schon 1955 besucht Königin Elisabeth II. die Tobler-Fabrik in Grossbritannien.

In den 1950er und 1960er Jahren gewinnt das Sponsoring an Bedeutung. So engagiert sich die Firma Tobler 1953 bei der Tour de Suisse, der nationalen Velorundfahrt: Über dem Feld der Radrennfahrer fliegt ein Toblerone-Helikopter. Er ist auch bei den Rundfahrten der nächsten Jahre mit dabei. Einen Toblerone-Heilkopter mit seitlich angehängter Riesen-Toblerone setzt die Firma schon

1966 im Nobelkurort Gstaad (links): Jackie Kennedy und ihre Kinder mit der Toblerone. Olympische Winterspiele in Innsbruck 1964: Exklusivvertrag für Chocolat Tobler

1951 ein, damals als Teil einer einmaligen Werbeaktion.

Im Jahr 1959 geht Tobler erneut öffentlichkeitswirksam in die Luft: In Zusammenarbeit mit der Ballongruppe des Berner Aero-Clubs veranstaltet die Firma Wettfahrten mit Toblerone-Ballons. Am Ende landet ein Ballon in der Länggasse, wobei ein «ganzer Segen von kleinen Toblerone-Packungen» über eine «jubelnde» Kinderschar «ausgeworfen» wird.[104] Toblerone-Ballonfahrten finden bis in die 1970er Jahre hinein statt, am Schluss arbeitet dabei Tobler – dem Tierschutz-Trend der Zeit folgend – mit dem World Wildlife Fund (WWF) zusammen.

Bei Kindern in allen Zeiten beliebt sind Tiere und Zirkus. Deshalb finanziert Tobler 1962 den Kinderzoo mit, den der Schweizer Nationalzirkus Knie in Rapperswil am Zürichsee verwirklicht. Eine Riesen-Toblerone aus Blech, auf der ein Clown mit zwei Kindern steht, erinnert an dieses Engagement.[105] 1964 erreicht die Firma Tobler mit Geld und mit Geschick, dass sie als einzige Schokoladefirma der Welt an der Winterolympiade in Innsbruck die Sportler mit ihren Produkten verpflegen und diese auch an den verschiedenen Wettkampfplätzen verkaufen darf. Ausserdem werden in Innsbruck und Umgebung über 30 Schaufenster mit Tobler-Reklame ausgestattet. Neben Tobler-Lieferwagen zirkulieren im Olympia-Ort 25 Privatautos mit Blech-Tobleronen auf dem Dach. Solche Werbe-Tobleronen werden überall im Gelände montiert.[106]

1 1888 gibt es in der Schweiz 13 Schokoladefabriken mit insgesamt 528 Beschäftigten. 1901 sind es bereits 22 Fabriken mit 2445 Mitarbeiterinnen und Mitarbeitern. Zehn Jahre später arbeiten in 23 Fabriken 5547 Frauen und Männer. Vgl. Patrick Feuz, Andreas Tobler: Schoggibaron. Das bittersüsse Leben Theodor Toblers (1876 bis 1941), Bern 1996, S. 27

2 Zur Erfindung der Milchschokolade und zur Bedeutung dieser Innovation für den Aufstieg der Schweizer Schokoladeindustrie vgl. Roman Rossfeld: Schweizer Schokolade. Industrielle Produktion und kulturelle Produktion eines nationalen Symbols 1860–1920, Baden 2007, S. 142–163

3 Rossfeld: Schokolade, S. 163–176

4 Theodor Tobler: Der Kakao, die Schweizer Schokolade-Industrie und ihre Verbreitung im Auslande. Historische und volkswirtschaftliche Studie. Bern 1917, S. 17

5 Tobler: Kakao, S. 46

6 Zum Übergang von der Produktions- zur Marketingorientierung vgl. Rossfeld, Schokolade, S. 210–213

7 Jurnalo Tobler, Nr. 4 (1924), S. 11, Staatsarchiv des Kantons Neuenburg (Archiv Suchard Tobler), AST

8 Tobler: Kakao, S. 12 f.

9 Chocolat Tobler: Illustrated Catalogue and Price List of the world famous Tobler Swiss Chocolate specialities, Bern 1923, S. 5, AST

10 Jurnalo Tobler, Nr. 3 (1925), S. 3, AST

11 Jurnalo Tobler, Nr. 7 (1925), S. 3, AST

12 Geschäftsbericht der Tobler & Cie. für das Jahr 1903 (ungedruckt), AST

13 Jurnalo Tobler, Nr. 1 (1921), S. 10

14 Tobler, Kakao, S. 13

15 Hans Berckum: 1899–1959. Sechzig Jahre Tobler Marken-Artikel (vom Firmennamen zur Weltmarke). Wie und wann sind die hauptsächlichsten Tobler Marken-Produkte entstanden? o.O. 1959, S. 2 ff., AST

16 Registrieren lässt Jean Tobler zuerst das Markenbild «Schild und Merkurstab mit der Aufschrift Chocolat J. Tobler» und die Wortmarke «Berna» mit der Zusatzbezeichnung «Chocolat Crémant» und «Milchschokolade» sowie weitere Wortmarken wie «Cacao Tobler» oder die Kochschokolade «Chocolat économique».

17 Jurnalo Tobler, Nr. 3 (1920), S. 1–4, AST

18 Kontakt, Nr. 11 (1958), S. 6, Company Archive Kraft Foods Deutschland, Bremen, AKFD

19 Berckum: Markenartikel (1959), S. 5, AST

20 Ebd., S. 2

21 Jurnalo Tobler, Nr. 4 (1922), S. 11

22 Reklamemarkenkatalog der Aktiengesellschaft Chocolat Tobler. Band 3 (o.J.), Bern, S. 25 f., AST

23 Jurnalo Tobler, Nr. 5 (1922), S. 15, AST

24 Jurnalo Tobler, Nr. 1 (1923), S. 4, AST

25 Freundliche Information von Josef Popp, Aussendienst-Mitarbeiter für die Region Ostschweiz 1963 bis 1991

26 Bericht des Verwaltungsrates der Berner Chocolade-Fabrik Tobler & Co. A.G. an die VII. ordentliche Generalversammlung vom 22. April 1910, S. 4, AST

27 Chocolat Tobler: Die Entwicklung der Tobler-Unternehmung und ihrer Arbeiter-Fürsorge- und Wohlfahrtseinrichtungen. Ein Beitrag zur Geschichte der schweizerischen Wirtschafts- und Sozialpolitik, 4. Auflage, Bern 1928, S. 14 f., AST

28 Jurnalo Tobler, Nr. 4 (1921), S. 1, AST

29 Jurnalo Tobler, Nr. 1 (1922), Umschlagsinnenseite, AST

30 Kontakt, Nr. 57 (1969/1970), AKFD

31 Die Entwicklung des Tobler-Sortiments ist ausführlich dargestellt in Zürcher Franziska: Von Nimrod über Tobler-o-rum zu Toblerone Pralinés. Ein Rückblick in Reichtum und Wandel der Tobler-Schokoladen im Laufe eines Jahrhunderts, in: Yvonne Leimgruber, Patrick Feuz, Roman Rossfeld, Andreas Tobler (Hg.): Chocolat Tobler. Zur Geschichte der Schokolade und einer Berner Firma (Berner Zeitschrift für Geschichte und Heimatkunde, Band 63), Bern 2001, S. 129–141

32 Jurnalo Tobler, Nr. 1 (1920), S. 16, AST

33 Feuz: Schoggibaron, S. 92 f.

34 Jurnalo Tobler, Nr. 1 (1922), S. 3–7, AST

35 Jurnalo Tobler, Nr. 5 (1922), S. 4, AST

36 Berckum: Markenartikel, S. 12, AST

37 Tobler: Kakao, S. 22

38 Tobler: Kakao, S. 18 f. Zwischen 1910 und 1915 klettert der Export der schweizerischen Schokoladeindustrie von 11 556 Tonnen im Wert von 41,4 Millionen Franken auf 27 268 Tonnen im Wert von 90,7 Millionen; der Inlandkonsum wächst ebenfalls, allerdings weniger stark von 18,5 Millionen Franken auf rund 25 Millionen Franken 1915.

39 Die Entstehung der Schokolade und die AG Chocolat Tobler Bern (Schweiz). Beiträge aus der Aufklärungsschrift «Von der Schokolade», hrsg. von der Chocosuisse, 1968. S. 13

40 Die Pressestimmen zitiert nach Feuz: Schoggibaron, S. 59 ff.

41 Jurnalo Tobler, Nr. 2 (1924), S. 3, AST

42 Jurnalo Tobler, Nr. 4 (1925), S. 13, AST

43 Vgl. Tobler: 32 Jahre Industriellen-Arbeit. Ein Querschnitt durch die Entwicklung der Tobler-Unternehmungen. Bern (o.J.), S. 14, und Tobler Kakao, Chocolade und Schweizerische Chocolade-Industrie. Auszugsweise Wiedergabe eines Vortrages, gehalten von Herrn Direktor Th. Tobler, den 27. März 1914 im Schosse des «Bernischen Verein für Handel und Industrie» in Bern, Bern o.J., S. 42

44 Tobler, Chocolade-Industrie, S. 14 f.

45 Jurnalo Tobler, Nr. 1 (1921), S. 10, AST

46 Tobler, Industriellen-Arbeit, S. 24 f.

47 Jurnalo Tobler, Nr. 2 (1923), 2, S. 7, AST

48 Protokoll zur ausserordentlichen Generalversammlung der Aktiengesellschaft Chocolat Tobler vom 9. November 1922, AST

49 Chocolat Tobler Holding Co. AG Schaffhausen: Geschäftsbericht des Verwaltungsrates über das Rechnungsjahr 1925/1926, S. 9, AST

50 Chocolat Tobler Holding Co. AG Schaffhausen: Geschäftsbericht des Verwaltungsrates über das Rechnungsjahr vom 1. Mai 1928 bis 30. April 1929, S. 10, AST

51 Aktiengesellschaft Chocolat Tobler: Geschäftsbericht über das Rechnungsjahr 1932, S. 4, AST
52 Jurnalo Tobler, Nr. 2 (1922), S. 17, AST
53 Jurnalo Tobler, Nr. 1 (1925), S. 8 f., AST
54 Aktiengesellschaft Chocolat Tobler: Geschäftsbericht über das Rechnungsjahr vom 1. Januar bis 31. Dezember 1947, S. 4 f., AST
55 Kontakt Nr. 43 (Sommer 1966), S. 2, AKFD
56 Freundliche Information von Josef Popp
57 Dies verkündet Tobler im Geschäftsbericht von 1903. Die Propagandakosten sind 1903 kräftig gestiegen. In der Gewinn- und Verlust-Rechung für 1904 schlagen die Ausgaben für «Propaganda, Marken und Procédé» mit 192 769 Franken zu Buche. Damit gibt Tobler 10 000 Franken mehr aus als die etablierte Suchard in diesem Jahr aufwendet. Für die folgenden Jahre lassen sich die Werbeausgaben von Tobler nicht mehr genau beziffern, weil sie in den Geschäftsberichten in einem Sammelposten integriert sind («Allgemeine Unkosten, Zinsen und Reklame«). Dieser beträgt zwischen 1908 und 1914 jährlich zwischen 400 000 und 500 000 Franken. Ab 1916 werden nur noch allgemeine Unkosten in der Erfolgsrechnung ausgewiesen.
58 Tobler: Chocolade-Industrie, S. 44–46
59 Ebd., S. 8
60 Feuz: Schoggibaron, S. 61
61 Ernst Lang: Zum Kampfe gegen das Reklame-Unwesen, in: Heimatschutz. Zeitschrift der «Schweizer. Vereinigung für Heimatschutz», Heft 6 (1906), S. 41 ff.
62 Reklamemarkenkatalog der Aktiengesellschaft Chocolat Tobler, Band 1 (o.J.), Bern, S. 7
63 Rossfeld: Schweizer Schokolade, S. 459
64 Tobler: Chocolade-Industrie, S. 50
65 Rudolf Wiedmer: Reklamekunst und Reiseträume, in: Eisenbahn Amateur, Nr. 5 (1998), S. 312–314
66 Vgl. Aktiengesellschaft Chocolat Tobler: Tobler's Milch-Chocolade. Preisliste für die Schweiz 1917. Umschlag, AST
67 Jurnalo Tobler, Nr. 4 (1922), Umschlaginnenseite, AST
68 Jurnalo Tobler, Nr. 3 (1921), S. 16, AST
69 Jurnalo Tobler, Nr. 3 (1923), S. 4, AST
70 Jurnalo Tobler, Nr. 4 (1923), S. 7, AST
71 Jurnalo Tobler, Nr. 3 (1921), S. 5, AST
72 Jurnalo Tobler, Nr. 1 (1921), S. 15, AST
73 Jurnalo Tobler, Nr. 3 (1923), S. 14, AST
74 Kontakt, Nr. 51 (1968), S. 9, AKFD
75 B. R. Maurer: Wie die Chocolade entsteht. Eine Geschichte für alle jungen Freunde von guten Süssigkeiten. Einführungsbuch zu den Tobler-Reklamemarken-Katalogen, Laupen bei Bern (o. J.), S. 24, AST
76 Jurnalo Tobler, Nr. 3 (1921), S. 8, AST
77 Das Schweizer Heim, Nr. 10 (1927), S. 192
78 Jurnalo Tobler, Nr. 6 (1924), S. 8. Ebenso schon in Jurnalo Tobler, Nr. 3 (1922), S. 17, AST
79 Jurnalo Tobler, Nr. 3 (1921), S. 6, AST
80 Jurnalo Tobler, Nr. 4 (1924), S. 11, AST
81 Jurnalo Tobler, Nr. 3 (1920), S. 8, AST
82 Orell Füsslis Illustrierte Monatshefte, Nr. 8 (1928–29)
83 Jurnalo Tobler, Nr. 1 (1921), Umschlaginnenseite und S. 1, AST
84 Schweizer Heim, Nr. 14 (1927), S. 314
85 Schweizer Heim, Nr. 8 (1927), S. 136
86 Schweizer Heim, Nr. 22 (1927), S. 576, und Feuz: Schoggibaron, S. 72 ff.
87 Jurnalo Tobler, Nr. 4 (1924), S. 5, AST
88 Hans Berckum: Auszeichnungen (Diplome und Medaillen) der Berner Chocoladefabrik Tobler & Co. AG und nachher der Aktiengesellschaft Chocolat Tobler Bern 1901 ff., Manuskript, 1954/1958, S. 9, AST
89 Jurnalo Tobler, Nr. 5 (1924), S. 9, AST
90 Vgl. Verwaltungsrat der Chocolat Tobler Holding Co. Aktiengesellschaft, Protokoll vom 29. Februar 1932, AST
91 Nach Berckum, Auszeichnungen, S 3 ff.
92 Jurnalo Tobler, Nr. 5 (1924), S. 7, AST
93 Marc Gerber, Roman Rossfeld, Susanne Siegenthaler: «Blechpest» und «Schokoladenhelgen». Zur Werbegeschichte von Chocolat Tobler, in: Leimgruber: Chocolat Tobler, S. 148 f.
94 Von 1930 bis 1940 beträgt das Propagandabudget zwischen 300 000 und 350 000 Franken. Im Krieg sinkt es auf unter 100 000 Franken. 1950 stehen schon 650 000 Franken zur Verfügung.
95 Aktiengesellschaft Chocolat Tobler: Geschäftsbericht über das Rechnungsjahr vom 1. Januar bis 31. Dezember 1950, S. 10, AST
96 Aktiengesellschaft Chocolat Tobler: Geschäftsbericht über das Rechnungsjahr vom 1. Januar bis 31. Dezember 1952, Innenseite Einband, AST
97 Gerber: «Blechpest», in: Leimgruber: Chocolat Tobler, S. 154
98 Kontakt Bern, Nr. 12/13 (1958), S. 6, AKFD
99 Kontakt Bern, Nr. 38 (1965), S. 10, AKFD
100 Freundliche Information von Markus H. Gerber, von 1991 bis 1993 Direktor Export Division und von 1994 bis 1998 Direktor International World Travel Service (vormals Duty/Tax Free Division)
101 Kontakt Bern, Nr. 47 (1967), S. 10, AKFD
102 Panorama, Nr. 2 (1992), S. 20, AKFD
103 VR-Protokoll der Aktiengesellschaft Chocolat Tobler vom 30. 6. 1970, AST
104 Kontakt Bern, Nr. 15 (1959), S. 9 ff., AKFD
105 Kontakt, Nr. 50 (1968), S. 23, AKFD
106 Kontakt, Nr. 4 (1964), S. 5, AKFD

Zwischen Prestigeobjekt und Alltagsprodukt

Das Toblerone-Marketing von 1970 bis 2007

Die europäische Wirtschaft der frühen 1970er Jahre ist von überhitzter Konjunktur, Inflation und Preiserhöhungen geprägt. In allen Ländern steigen die Lebenshaltungskosten. Die Auswirkungen der arg in Schwung geratenen Lohn- und Preisspirale stellen die Industrie vor grosse Probleme, da die Rationalisierungsbemühungen die allgemeine Erhöhung der Kosten nicht zu kompensieren vermögen. Diese Entwicklung drückt auch auf die Gewinnmargen der Schokoladebranche.[1] Noch mehr Sorgen bereiten dieser aber die Engpässe auf dem Arbeitsmarkt: Chocolat Tobler ist 1972 nicht mehr «im vollen Umfang lieferfähig». Insbesondere für die Toblerone kommt es im In- und Ausland zeitweise zu mehrwöchigen Wartezeiten.[2] Mit der Rezession Mitte der 1970er Jahre – ausgelöst durch die Ölkrise – verändern sich die Probleme: Jetzt gibt es wieder genügend Arbeitskräfte, dafür bricht der Absatz vorübergehend ein.

Bunte Welt der Werbespots

Nach der Übernahme von Chocolat Tobler durch die Suchard Holding im Jahr 1970 ist die Toblerone das wichtigste Umsatzprodukt im Sortiment des neu geschaffenen Interfood-Konzerns. Deren Verwaltungsrat beschliesst bereits im ersten Jahr eine Strategie, die eine «möglichst rasche stärkere Entfaltung der Marke Tobler (insbesondere Toblerone)» an Suchard-Standorten im Ausland einleiten soll.[3] Im Zuge davon wird die Toblerone Ende der 1970er Jahre schliesslich in insgesamt 13 Ländern hergestellt. Aber ein globales Konzept für die Vermarktung der Toblerone gibt es nicht, auch keine Strategie, diese Schokolade weltweit gezielt zu fördern. Die Toblerone ist eine starke Marke in einem breiten Sortiment, das rund 40 Produkte von Tafelschokoladen über Pralinés bis zu Frühstücksgetränken und Bonbons umfasst. Eine gezielte Bevorzugung der Toblerone wird allein durch die Rivalitäten und Animositäten zwischen Suchard und Tobler verunmöglicht, die zwar neu unter einem Dach vereinigt sind, aber zunächst kaum zusammenarbeiten. Die Sensibilitäten auf beiden Seiten sind gross, und einen beredten Beleg dafür liefert eine kleine, aber aussagekräftige Stelle im Interfood-Geschäftsbericht für das Jahr 1976: Man wagt dort das 150-Jahr-Jubiläum von Suchard nur in Verbindung mit dem Hinweis zu feiern, dass in einer späteren Ausgabe auch Jean Tobler und seine Produkte zum Zuge kommen werden.[4]

In dieser Konstellation bestimmen die Produktionsstätten und Handelsgesellschaften in den einzelnen Ländern weitgehend selbstständig, mit welchen Budgets, Inhalten und Instrumenten sie die Toblerone beziehungsweise andere Produkte von Tobler und Suchard bewerben wollen. Weil sich die Toblerone am besten verkauft, wird sie in vielen Ländern vom Marketing automatisch privilegiert. Tobler Stuttgart zum Beispiel wirbt 1973 für Tobler-o-rum, intensiver aber noch für die Toblerone.[5] Wie stark die länderspezifischen Vermarktungsstrategien auf Toblerone setzen, zeigt sich exemplarisch in der TV-Werbung: Die 1970er Jahre sind eine Blütezeit für Toblerone-Spots. An-

Nächste Seite:
Die 1970er Jahre als Boomzeit für Toblerone-Werbespots. Eine Anzeige von 1978 kündigt eine britische TV-Kampagne an und ruft die Händler dazu auf, genug Toblerone zu bestellen

When we've finished, television will never be the same again.
This year's Toblerone TV campaign is going to be the biggest ever.
With a massive spend that would make even Cecil B. de Mille turn in his grave with envy.
As you might expect, it'll cause a sensation on the box.
So much so that hordes of old and new Toblerone fans will be heading straight for their nearest stockist.
Be prepared. Order more stocks now.
Get your Toblerone displayed. And have your fingers poised over the till ready for action.
TOBLERONE
MILK CHOCOLATE WITH ALMOND AND HONEY NOUGAT

schliessend folgt von 1984 bis 1989 eine Zeit ohne neue Toblerone-Auftritte im Fernsehen. Denn in jenen Jahren wird Klaus J. Jacobs als neuer Toblerone-Besitzer das Marketing zentralisieren und dabei schwergewichtig auf Milka setzen.

Die Werbespots der 1970er Jahre zeigen exemplarisch, wie stark sich die Art der Imagevermittlung der Toblerone von Land zu Land unterscheidet. Zu Beginn des Jahrzehnts bedient sich die deutsche Werbung einer Ikone der Schweizer Nationalsymbolik: In einem Zeichentrickfilm zielt Wilhelm Tell auf seinen Sohn, der dann jedoch den Apfel mit einer Toblerone vertauscht und diese sofort verspeist. Dazu der Vers: «Zwar kam der Wilhelm nicht zum Schuss / doch war das Stück ein Hochgenuss / der grösste Beifall galt dem Sohne / und Toblers toller Toblerone.» Andere deutsche Spots spiegeln die fortschreitende Freizeit- und Genussorientierung der modernen Wohlstandsgesellschaft und zeigen Toblerone essende Windsurfer und Gleitschirmflieger: «Das sind die schönen Dinge im Leben, so auf dem glitzernden Wasser dahinzuflitzen, vom Winde getrieben, voll Schwung ins feuchte Vergnügen. Und gute Freunde, die wissen, was man gerne mag.» Zu den Gleitschirmfliegern heisst es: «Das sind die schönen Dinge im Leben, frei wie ein Vogel zu fliegen, die Erde weit unter sich zu lassen und dann zurückzukehren für Freunde, die einen Spass mitmachen.» Die deutschen Filme «Rasenmäher» und «Gartenzaun» spielen mit dem Traum vom Eigenheim: Ein auf dem Sofa sitzender Mann wird von der Stimme seiner Ehefrau mit der Frage aufgeschreckt, ob er den Rasen schon gemäht beziehungsweise den Zaun gestrichen habe. Flugs greift der Gatte zur Toblerone, erledigt die Arbeit im Zeitraffer und teilt seiner Frau mit: «Ist doch schon längst erledigt!»

Der deutsche Spot «Sonnenaufgang» nimmt 1979 das Bergmotiv der traditionellen Schokoladewerbung auf und zeigt einen überdimensionierten Toblerone-Zacken, der wie die Sonne hinter einer Bergkette aufsteigt: «Der Gipfel der Genüsse, das Höchste, was es an Schokolade gibt, knack dir einen Gipfel ab.» 1981 folgen drei weitere Gipfel-Spots. Auch ein japanischer Werbefilm setzt in jenen Jahren auf die heile Bergwelt, kombiniert

«Dufte Chance»: Werbung setzt auf Alltagssprache und will mit Wortkreationen lustig sein. Anzeige von 1970

Konsum als Familienerlebnis, Anzeige von 1978

mit braven und gesunden Kindern, und eine in Südamerika ausgestrahlte TV-Werbung, in dem die dreieckige Welt der Toblerone und ihrer Zutaten präsentiert wird, zeigt das Matterhorn.

Werbung für die noch junge dunkle Toblerone, Anzeige von 1971

In Grossbritannien spielt der Zeichentrickfilm «Triangular Bees» von 1973 mit der Dreiecksform und präsentiert eine dreieckige Toblerone-Welt und den Song: «Toblerone – out on its own / Triangular chocolate, that's Toblerone. / They put triangular almonds from triangular trees / and triangular honey from triangular bees.»
In der Schweiz läuft 1971 eine Kampagne zur Einführung der damals noch grün verpackten zartbitteren Toblerone. Dazu gehören ein Plakat, das die helle und dunkle Toblerone gemeinsam zeigt («Beidi si choge guet!»), und ein Werbespot. 1973 folgt ein Plakat, das die Toblerone als «allerfeinstes Dreieck hierzulande» präsentiert. Zum 70-Jahr-Jubiläum der Toblerone startet Chocolat Tobler 1979 in der Schweiz die Kampagne «Click zum Genuss», die das Image des Produkts verjüngen will.[6] Die TV-Spots «One for you, one for me» (1979) und «Click» (1982) inszenieren Individualismus, Selbstdarstellung und Selbstverwirklichung. In schneller Schnittfolge führen unterschiedlichste Menschen in Nahaufnahme einen Zacken Toblerone zum Mund: ein Jüngling in New Wave Look, ein Rock'n'Roller-Pärchen, eine

Auf den Kern reduziert: In der Reklame wird immer wieder die Dreiecksform inszeniert, das unverwechselbare Merkmal der Toblerone. Anzeige von 1976

Geisha, ein Kraftprotz, eine Grossmutter und ein älterer Mann mit einem schnappenden Fisch in der Hand und schliesslich eine verführerische Südländerin. Dazu der Song: «One for you, one for me.» Dieser Werbefilm verfolgt das Ziel, «die überall beliebte Toblerone zu aktualisieren und vermehrt jüngere Leute anzusprechen».[7] Im Spot «Click» heisst es, dem «Hochgenuss» der Toblerone könnten viele nicht widerstehen, darunter Oberprimaner, Schiffskapitäne oder Tangotänzerinnen. Dieser Spot wird 1984 für Deutschland übernommen, wobei neu auch «Bassisten, Architekten und Modeschöpferinnen» der Toblerone erliegen.

Teure Werbefilme kommen nur in Märkten mit hohen Umsätzen zum Einsatz. Anderswo müssen bescheidenere Promotionsaktivitäten genügen: Der griechische Importeur lässt zum Beispiel 1977 am Kanal von Korinth eine zwölf Meter breite und vier Meter hohe Toblerone-Werbetafel mit Schweizerkreuz aufstellen.[8] Und der Exklusiv-Importeur für Tobler-Produkte in Hongkong organisiert 1975 Toblerone-Kampagnen in 26 Schulen: Gezeigt werden ein Werbefilm der Swissair und ein Film über die Schokoladeherstellung, zudem erhalten die 11 600 Schülerinnen und Schüler ein Muster der 22-Gramm-Toblerone und einen Prospekt.[9]

Schelte vom obersten Chef

In der Schweiz neigt der Schokolademarkt Anfang der 1970er Jahre «zur Sättigung».[10] Das Schokoladekartell – die «Convention Chocolatière Suisse», der neben Suchard, Lindt und Nestlé auch Chocolat Tobler angehört – verliert seit einigen Jahren rasant Marktanteile. Die Billiganbieter ausserhalb des Kartells, allen voran Migros, setzen den etablierten Schokoladeunternehmen stark zu, aber auch die Grossabnehmer der Markenartikel drücken auf die Preise, indem sie mit stark verbilligten Angeboten um die Kundschaft buhlen. Als Reaktion auf den zunehmend rauen Wind beschliessen die Verantwortlichen von Interfood 1972, die Marken Tobler und Suchard «optimal zu fördern, und zwar auf allen Gebieten, vom Einkauf bis zum Vertrieb», allerdings unter Hochhaltung zweier Prinzipien: Die Verantwortlichkei-

Die Exportgesellschaft Multifood setzt in der Toblerone-Werbung auf traditionelle Schweizer Symbole. Titelblatt des Produktsortiments von 1979/80

ten und die Initiativen beider Geschäftsleitungen sollen erhalten bleiben wie auch die Unabhängigkeit beider Marken auf dem Markt.[11]

In der Praxis erschweren die weitgehenden Freiheiten, die den beiden Gesellschaften aus politischer Rücksicht auf die Standorte Bern und Neuenburg belassen werden, wirksame Kooperationen und echte Synergien. Die 1972 installierte Schweizerische Interfood-Zentrale, die eine Klammer zwischen den beiden Gesellschaften bilden und nicht zuletzt die Zusammenarbeit in den Bereichen Produktion, Forschung, Distribution und Marketing fördern soll, erreicht wenig.[12] 1975 wird offensichtlich, dass Tobler und Suchard in der Schweiz in jüngerer Zeit trotz der Leaderprodukte Toblerone und Milka umsatzmässig die Entwicklung der Konkurrenz nicht mitgemacht haben.[13]

Verschlafen haben Tobler und Suchard insbesondere den Einstieg in den Riegelmarkt, das heisst bei den Schokoladestängeln unter 50 Gramm. Hier sind Mars des gleichnamigen US-Unternehmens, Ragusa von Camille Bloch und der Chokito-Stängel von Nestlé die Renner. Vorübergehend erwägt Chocolat Tobler, den Kampf mit dem forcierten Verkauf der 22-Gramm-Toblerone aufzunehmen, doch der Vorschlag wird nicht weiterverfolgt.[14]

1977 platzt Gérald Bauer, Präsident des Interfood-Verwaltungsrates, der Kragen: Er wird an einer Verwaltungsratssitzung von Chocolat Tobler persönlich vorstellig und erklärt, es fehle der Gesellschaft an «Aggressivität». Das Schweizer Stammhaus sträube sich gegen neue Produkte aus andern Ländern. Es fehle am Willen zur Erneuerung des Sortiments. Bauer kritisiert, der bisherige Rationalisierungsrhythmus sei völlig ungenügend: Immer noch seien zwei Einkäufer am Werk, und immer noch brauche es für bescheidene Vereinfachungen im Marketing zwei Jahre. Die heutige Situation mit den getrennten Generaldirektionen von Suchard und Tobler, «die in ihren Gesellschaften Wasserköpfe kultivieren», führe zu Verlusten von Arbeitsplätzen.[15] Nach zwei weiteren Jahren wird das Marketing 1979 schliesslich vollständig zusammengelegt.

Wenigstens der Export von Suchard und Tobler wird schon früh fusioniert, um ihn «kostensparender und wirkungsvoller» zu gestalten.[16] Zu diesem Zweck entsteht die selbstständige Exportgesellschaft «Multifood Ltd.» im Berner Vorort Worblaufen, die sich ab 1972 um den Vertrieb der Tobler- und Suchard-Produkte in über 110 Ländern kümmert. Die Toblerone geniesst bei den Export-Verantwortlichen keine spezielle Förderung: Vielmehr herrscht bei Multifood die Devise, Suchard-Artikel besonders zu forcieren, da Suchard zu jener Zeit im Export weniger stark ist als Tobler.[17] Multifood veranstaltet in den 1970er und 1980er Jahren keine eigenen globalen Werbekampagnen. Geworben wird direkt beim Händler und in jenen Ländern, in denen sich hohe Umsätze erzielen lassen. Multifood setzt auf Anreize für Händler und verspricht jenen, die die höchsten Umsatzzahlen erreichen, zum Beispiel eine Reise ins Land der Toblerone. Weiter setzt die Exportgesellschaft auf Werbung am Verkaufspunkt mit Plakaten und Gestellen und stellt dem Handel Werbegeschenke wie kleine Spiegel und Handkettchen zur Verfügung.[18]

Das «Merchandising» gewinnt in den 1970er Jahren an Bedeutung: Toblerone-Display für Touristenorte ...

Vom Vertreter zum «Merchandiser»

Mit einer völlig neuen Situation sehen sich die alteingesessenen Schokoladeunternehmen in jenen Jahren auch beim Vertrieb konfrontiert. Viele kleine Läden gehen ein, und in rasantem Tempo verkürzt sich die Liste der Verkaufsstellen. Gleichzeitig verstärkt sich der Trend von den Bedienungsläden zu den Geschäften mit ganzer oder teilweiser Selbstbedienung. «Durch die Niederlassung von Grossverteilerorganisationen in den Agglomerationen oder an den verkehrsmässig günstig gelegenen Standorten droht dem Detailhandel in den Stadtkernen ein Verlust an Anziehungskraft», heisst es 1972 in der Mitarbeiterzeitschrift.[19] Gleichzeitig machen Chocolat Tobler die wachsenden Agglomerationen Sorgen, weil sich dadurch entferntere Gebiete entleeren und die dortigen Läden unter Druck geraten.[20] Die Absatzkanäle der Tobler-Schokoladen verändern sich innert weniger Jahr grundlegend: 1972 erzielt die Firma mit Grosskunden bereits 63 Prozent ihres Umsatzes, 1968 sind es erst 36 Prozent gewesen.[21]

Als Folge der schnell wachsenden Lieferungen an die Grossisten verliert Chocolat Tobler wie alle anderen Fabrikanten auch die bisherigen Absatzkontrollinstrumente, und eine neue Konzeption des Marketings ist dringend erforderlich. So beschliesst der Verwaltungsrat von Chocolat Tobler 1971 eine neue Regelung für die Entlöhnung der Vertreter, um deren Merchandiser-Funktion zu fördern: Statt des bisherigen hohen Provisionsanteils gibt es nun ein Fixum, das mit einem Prämiensystem für Aktionen kombiniert ist.[22] Unter

... und Toblerone-Gondel für die sich rasch verbreitenden Supermärkte

Weisse Schokolade als wachsendes Marktsegment: Chocolat Tobler reagiert mit der weissen Toblerone. Anzeige von 1973

Merchandising wird die «Untersuchung der Verbrauchsgewohnheiten und deren Wandlung zur Entwicklung der bestmöglichen Warengestaltung und Warendarbietung» verstanden.[23] 1978 richtet das Marketingdepartement von Suchard Tobler eine neue Unterabteilung ein, den «Merchandising-Service» mit Standort Bern. Die Dekorateure und Degustantinnen der beiden Firmen werden in einem Dienst zusammengeschlossen. Die neuen Merchandiser betreuen nun ein kleineres Reisegebiet, dafür sind ihre Aufgaben gewachsen, haben sie doch nun die Verkaufsförderung beider Firmen zu betreuen.[24]

Für das Toblerone-Merchandising gelten in jenen Jahren vier spezifische Grundsätze: «1. Toblerone ist ein Leader-Produkt und verdient den besten Platz im Geschäft. 2. Toblerone ist im Regal entsprechend seiner Marken- und Konsumentenbedeutung zu platzieren (Regalfläche, gut sichtbar, richtige Höhe). 3. Es lohnt sich, für Toblerone einen zweiten Verkaufspunkt zu erstellen (Toblerone doppelt angeboten bietet doppelten Umsatz) und 4. Toblerone ist der Inbegriff für Schweizer Schokolade und bildet im Schokoladen-Regal einen einzigartigen Anziehungspunkt.»[25]

«Blutauffrischung für Toblerone»

Für die Entwicklung der Marken Tobler und Toblerone bleibt in jenen Jahren trotz der Fusion Chocolat Tobler federführend. Zu Beginn der 1970er Jahre beschliesst die Firmenleitung, sich auf wenige gute Markenartikel mit Schwergewicht auf Toblerone zu konzentrieren und zudem neue Produkte und Produktverbesserungen einzuleiten.[26] Das Tobler-Sortiment wird in der Folge um ein Fünftel verkleinert: Einerseits ist diese Straffung ein Gebot des Marktes, weil die Grosskunden ihre Sortimente laufend durchkämmen und nur noch Artikel mit kurzen Umschlagszeiten führen wollen. Andererseits zwingt der angespannte Arbeitsmarkt Tobler dazu, besonders arbeitsintensive Artikel und solche mit einem bescheidenen Umsatz rigoros zu streichen, damit Kapazitäten für Spezialitäten frei werden.[27]
1973 bringt Chocolat Tobler die weisse Toblerone auf den Markt. Weisse Schokolade ist ein rasch an Bedeutung gewinnendes Marktsegment. Von 1969 bis 1972 hat sich ihr Anteil am Tafelschokolademarkt in der Schweiz von 3,5 auf 4,9 Prozent erhöht. Hauptzielgruppe der weissen Toblerone sind eher jüngere Frauen, «die Neuem aufgeschlossen gegenüberstehen, was wiederum relativ hohe Probierkäufe prognostizieren lässt».[28] Zudem erhofft man sich vom neuen Produkt «eine

gewisse Blutauffrischung für Toblerone gesamthaft».
Der Verkauf der neuen Toblerone entwickelt sich vielversprechend. «Im Unterschied zu früheren Neuheiten» haben die Grossverteiler, darunter auch COOP, diesen Artikel «diskussionslos ins Sortiment aufgenommen».[29] Schon im ersten Jahr übertrifft die weisse Toblerone den budgetierten Umsatz.[30] Damit schliesst die Einführung des neuen Produkts an den «vollen Erfolg» der 1970 lancierten zartbitteren Toblerone an.[31] Bereits diese hat eine auch für spätere Neuentwicklungen wichtige Erkenntnis gebracht: Die herkömmliche und die neue Toblerone konkurrenzieren sich nicht, beide weisen 1970 erfreuliche Umsatzsteigerungen auf.[32]

100 Franken für ein Kleintheater

Verglichen mit heutigen Werbebudgets sind die Werbeausgaben von Chocolat Tobler in den 1970er Jahren äusserst bescheiden. Das Schokoladekartell setzt nicht nur die Preise fest, sondern bestimmt auch, wie viel vom Umsatz für Werbung ausgegeben werden darf. 1971 sind es gerade vier Prozent. So garantieren sich die Schokoladefabrikanten gegenseitig ihre bestehenden Marktpositionen. Eine möglicherweise erfolgreiche Grossoffensive für die Toblerone könnte die Verhältnisse in der Branche in Bewegung bringen und ist deshalb gar nicht erwünscht.
1971 teilt sich der Werbeaufwand von Chocolat Tobler für die Schweiz je zur Hälfte für «allgemeine Toblerwerbung und für Werbung für einzelne Sorten (Marzipan, Toblerone, Térésina, Tobler-o-rum, Mint) auf».[33] Das Werbebudget beträgt für das Jahr 1971 rund 3,21 Millionen Franken (inkl. Löhne von 410 000 Franken). Davon entfallen rund ein Fünftel auf Aktionsrabatte, ein Viertel auf Inserate und ein Achtel auf Fernsehwerbung. Im Export werden 1970 gemäss Budget vier Prozent des Umsatzes ausgegeben, in erster Linie für Werbung am Point of sale, im Fernsehen und im Radio sowie für die Weltausstellung in Osaka.[34]
Auch sonst wirken die Werbung und Promotion jener Jahre nach heutigen Begriffen harmlos und unspektakulär. Im Bereich Sponsoring verteilt der Verwaltungsrat von Chocolat Tobler in den 1970er Jahren meist Summen von einigen Hundert Franken. Er unterstützt den Schweizerischen Heimatschutz, die «Stiftung Schweizer Jugend forscht» oder das Schweizerische Rote Kreuz. Kulturell

In den 1970er Jahren engagiert sich die Interfood im Sportsponsoring

BDR
TOBLERONE

ist die Firma etwa engagiert, indem sie von der Künstlervereinigung «Galerie 58» Bilder mietet und diese in den Kantinen, Gängen und Sitzungszimmern aufhängt. Hin und wieder kauft Tobler zudem ein Bild, spendet einem Kleintheater in Bern 100 Franken, dem Schweizer Filmfonds 200 Franken, dem Berner Sinfonie-Orchester zum 100-Jahr-Jubiläum 500 Franken und der Organisation «Solidarität dritte Welt» 1000 Franken. Mit einer grösseren Summe hilft die Firma der Ballongruppe Bern, einen neuen Toblerone-Ballon zu finanzieren.[35]

Nach dem Zusammenschluss der Chocolat Tobler AG und der Suchard SA zur Suchard-Tobler AG im Jahr 1979 wird eine Public-Relations-Abteilung eingerichtet. Sie entfaltet mit relativ wenig Geld eine rege, teils rührige Tätigkeit für alle Produkte vom Kaubonbon Sugus bis zur Toblerone. Tonbildschauen, Schülerdokumentationen, Geschenke für Fabrikbesucher und Pressecommuniqués zählen zu den Waffen der PR-Abteilung. Der Tätigkeitsbericht 1982 geht unter anderem auf den neuen Dress der Hostessen ein, die die Fabrikbesucher führen, und verweist stolz auf das Pressecommuniqué mit Foto, das die Abteilung unter dem Titel eine «Weltrekord-Schokolade» an die Medien verschickt hat. Darin habe man den Eintrag der sieben Kilo schweren Jumbo-Toblerone ins Guinness-Buch der Rekorde vermelden können.[36]

Zum 75-Jahr-Jubiläum der Toblerone im Jahr 1983 beauftragt die PR-Abteilung eine Werbeagentur mit der Planung der Feierlichkeiten. Es gibt einen Wettbewerb auf nationaler Ebene und PR-Aktionen auf dem Platz Bern.[37] Kernstück ist eine Wanderausstellung mit einer Wachsfigur («Talking head»), die Theodor Tobler zeigt, der an einem Tisch in einer Küche sitzt und die Geschichte der Toblerone erzählt. Auf den Kopf der Puppe wird das Gesicht eines sprechenden Schauspielers projiziert, was Tobler lebendig wirken lässt. «Dank guten Beziehungen» bringen die umtriebigen PR-Leute die Toblerone auch ins Radio, obwohl in der Schweiz damals Radiowerbung noch verboten ist. So erwähnt im Mai 1982 ein Moderator, die Toblerone sei ins «Guinnessbuch der Rekorde» aufgenommen worden. Anschliessend wird das Berner Chanson «Mys Käthi» gespielt, ein Lied über eine Tobler-Arbeiterin. Im selben Jahr wird in einer Spezial-Sendung des Schweizer Radios eine Jumbo-Toblerone verlost.[38]

Jacobs bricht mit der Tradition

Nach der Übernahme von Suchard Tobler durch Klaus J. Jacobs im Jahr 1982 gilt die Devise «Konzentration auf die eigenen Stärken – Kaffee und Schokolade».[39] Branchenfremde Tätigkeiten, ein Erbe der unglücklichen Diversifikationspolitik der Interfood, werden veräussert oder eingestellt. Der Name Jacobs Suchard – Kürzel JST: Das T steht für Tobler – versinnbildlicht die künftige Unternehmensstrategie. Ziel sind «die Konzentration der Kräfte auf führende Marken, die Einführung von Neuheiten und die Reduktion des heutigen Sortiments». Die neue Strategie soll durch «eine starke, auf Entscheidungen ausgerichtete Zentra-

Linke Seite:
Sponsoring in der Luft: Chocolat Tobler finanziert die Heissluftballon-Gruppe Bern mit. Bild aus den 1990er Jahren

Wettbewerbe als Werbemittel, Pappaufsteller aus den frühen 1980er Jahren

Mit Aktionen wie der Lancierung der sieben Kilo schweren Jumbo-Toblerone sucht Chocolat Tobler Publizität. Fabrikbesuch von Theodor Toblers Sohn Iwan im Jahr 1984

le» umgesetzt werden. Das bedeutet einen radikalen Bruch mit den Usanzen in der Interfood. Daneben gibt es ein starkes, operativ ausgerichtetes Ländermanagement.

Der Schokolademarkt spürt in den 1980er Jahren die zunehmende Schnelllebigkeit in der Gesellschaft, die sich nicht zuletzt in rasch ändernden Verbrauchergewohnheiten niederschlägt. Der Trend zu Snacks, zu «light» und allgemein zu höheren Qualitäten verlangt ein rascheres Einführen neuer und junger Produkte in immer neuen Märkten.[40] 1987 verpasst Jacobs der Marke Tobler einen neuen Auftritt, der «frischer, jünger und moderner» wirken will. Die Tobler-Schokoladen erhalten ein neues Signet: das Tobler-Dreieck, das den «Gipfel des Genusses» symbolisieren soll. Mit neuen Riegeln will man den vermuteten Bedürfnissen der Kunden entgegenkommen: «Tobler Holiday» entspricht «genau der augenblicklichen Markttendenz, leichte und natürliche Produkte zu bevorzugen. Dieser knusprige, 20-g-Riegel ist eine gelungene Mischung aus Weizen, Cornflakes und Tobler Schokolade».[41] Obwohl er – wie Milka Lila Pause und Sugus Plus – als «Produkt der Zukunft»[42] gilt, ist Tobler Holiday nur eine kurze Verkaufszeit beschieden. 1990 folgt der «Tobsnack», ein mit Tobler Schokolade überzogener Getreideriegel in drei Aromavarianten.[43] Zu den Innovationen zählt auch die viereckige

Verändertes Konsumverhalten: Tobler versucht sich auf dem Feld der Getreideriegel, Inserat von 1987

In den 1990er Jahren erlebt das Matterhorn in der Toblerone-Werbung eine Renaissance. Anzeige von 1995

«Tobler Monte», die zuerst in Österreich und später auch in der Schweiz eingeführt wird. Gleichzeitig bringt die neue Strategie das Ende für zwei traditionsreiche Tobler-Produkte: «Nimrod», die seit 1913 auf dem Markt ist, und «Alpenstock».

Die Milka-Offensive – «das Jahr wird lila»

Als seine vier wichtigsten Marken im Süsswarenbereich definiert Klaus J. Jacobs Milka, Tobler/Toblerone, Suchard und Sugus. Für sie sollen neue, dem Image angepasste Werbekampagnen lanciert werden. Tatsächlich setzt Jacobs aber in der Folge schwergewichtig auf Milka, für die er in vielen Ländern einen Massenmarkt sieht. Die Toblerone hingegen wird in der Markenoffensive eher vernachlässigt. Sie gilt als Schokolade für spezielle Gelegenheiten, als Geschenkartikel und als Produkt, für welches wegen seiner Bekanntheit im Markt keine besonderen Anstrengungen erforderlich sind: «Toblerone war ihrer Zeit voraus. Sie kann für sich den Anspruch erheben, eine der wenigen wirklich weltweit bekannten Marken zu sein. Und das lange bevor die Industrie sich Gedanken über ein grenzüberschreitendes Markenkonzept machte.»[44]

Für Milka hingegen tritt Jacobs eine beispiellose lila Propagandawelle los. Mit hohen Werbebudgets will Jacobs zum Beispiel die Märkte Grossbritanniens, Australiens und der asiatischen Länder erobern. Aber die Strategie scheitert weitgehend: Im Vereinigten Königreich bleiben Tobler und Suchard die Hauptmarken.[45] Trotzdem wird 1989 als Ziel für den Export die Stärkung der Milka zum Beispiel im Mittleren Osten festgelegt: Dieser sei ein schwieriges Gebiet mit einer starken Position von Tobler, «wo wir die Milka einführen möchten, um die Tobler-Linie zu ersetzen».[46] Zudem soll in den Touristenmärkten – darunter fällt das Duty-free-Geschäft – ein «Akzent» auf Europa gelegt werden, «mit dem Ziel, die

Stärke der Toblerone auszunützen, um die Milka einzuführen». Der Chef der Division Schokolade gibt die Parole heraus: «Das Jahr wird lila!» Die Vernachlässigung der Toblerone zeigt sich auch darin, dass das Toblerone-Sortiment zwischen 1983 und 1990 nicht erweitert wird.[47]

Ende der 1980er Jahre leitet Jacobs mit dem Konzept «Packaging and Product Introduction under Global Brands» eine weitere Zentralisierung des Marketings ein.[48] Als globale Marken definiert er Jacobs Café, Suchard, Milka, Côte d'Or, Tobler und Toblerone wie auch Brach's und Sugus. Diese unterstehen künftig einem globalen Marketingkonzept, das lokal ausgeführt werden soll. Anzeigen, Merchandising und Präsentation der Produkte und Markenlinien liegen in der Verantwortung der drei Produktpräsidenten, je einer für Kaffee, Schokolade und Süssigkeiten. Die Präsidenten sind auch verantwortlich für die Produktentwicklung, wobei ihnen die Forschungszentren direkt reportieren müssen. Jede Änderung einer Produktformel oder Verpackung muss vom Produktpräsidenten empfohlen und vom CEO bewilligt werden.

Neustart in den Neunzigern

Im Juni 1990 kauft der Tabakmulti Philip Morris den Jacobs-Suchard-Konzern und verleibt ihn seiner Lebensmittel-Tochter Kraft ein. Zwei Monate später kommt der oberste Konzernleiter von Philip Morris, Hamish Maxwell, zu einem Blitzbesuch in die Toblerone-Fabrik nach Bern und schwärmt: «A wonderful product, an excellent management – I am impressed!»[49] Unter den neuen Besitzern erlebt die Toblerone einen spektakulären Aufstieg: Die Produktion verdoppelt sich zwischen 1990 und 2006 beinahe und erreicht jährlich mehr als 34 000 Tonnen. Als treibende Kräfte wirken die ständige Vergrösserung des Toblerone-Sortiments, weltweite Promotionskampagnen und der wachsende Exportmarkt.[50]

Ideen von unten, Kontrolle von oben

Der Anstoss zu neuen Produkten kommt in der Regel aus den Business Units der einzelnen Länder. Diese beobachten den Markt, erkennen neue Trends und behalten die Angebote der Konkurrenz im Auge. Die für das Marketing zuständigen Köpfe der Business Units stellen ihre Ideen dem Business Unit Support vor. Monat für Monat prüft dort ein spezielles Gremium, welche der präsentierten Ideen in die laufende Marketingstrategie passen. Nur mit dem Einverständnis des Gremiums kann die eigentliche Entwicklung des Produkts beginnen. Dabei wird eng mit dem Engineering zusammengearbeitet. Für die 2003 lancierte Toblerone Limited Edition zum Beispiel braucht es zuerst einen speziellen Giesskopf für die bestehende Produktionsmaschine, um die Spitze aus weisser Schokolade herstellen zu können. Die Toblerone Mini wiederum kommt 1995 nur auf den Markt, weil die Berner Fabrik aus einer stillgelegten Produktionsstätte in Berlin geeignete Maschinen übernehmen kann:[51] Denn die Investitionen in ein neues Produkt müssen sich innert weniger Jahre amortisieren.

Parallel zu den technischen Abklärungen kreiert die Marketingabteilung mit externen Design-Spezialisten die neue Verpackung und liefert die Daten dem Lieferanten des Materials. Der gesamte Entwicklungsprozess eines neuen Produkts dauert in der Regel neun Monate.[52] Für die 1997 eingeführten Toblerone Pralinés braucht es jedoch fast zwei Jahre: Zuerst zeigt eine Marktanalyse, dass einzeln verpackte Pralinés – im Fachjargon Monopralinen – «als moderne Art des Schokoladenkonsums» gelten, im Schweizer Markt ein konstantes Wachstum aufweisen und in der ersten Hälfte der 1990er Jahre bereits 70 Prozent des gesamten Pralinés-Verkaufs ausmachen.[53] Da auch die Marke Toblerone seit vielen Jahren ungebremst wachse, sei es naheliegend, «diese beiden positiven Entwicklungen zu kombinieren und eine Neukreation zu schaffen». Dann folgt die eigentliche Produktentwicklung, begleitet von repräsentativen Konsumententests. Schon im ersten Jahr avanciert die Neuheit mit einem durchschnittlichen Marktanteil von 2,1 Prozent zum bestverkauften Praliné in der Schweiz.

Die Idee zur blauen Toblerone von 1996 stammt aus der Schweizer Business Unit. Diese versucht zunächst, andere wichtige Units vom Innovationsprojekt zu überzeugen. Wegen ihres grossen Umsatzes ist vor allem die für den Duty-free-Bereich zuständige World Travel Retail Division wichtig: Sagt sie Ja, hat die Idee für ein Produkt – oder für eine Kampagne – gute Chancen, umgesetzt zu werden.[54]

Die Erweiterung des Produktsortiments wird 1990 mit dem Snack-pack eingeleitet, das drei Toblerone à 35 g in einer «umweltfreundlichen» Ver-

Linke Seite:
Milka-Zeit: Klaus Jacobs setzt schwergewichtig auf Milka und wirbt nur spärlich für Toblerone

NUR FÜR DIE
BESTEN MÜTTER.
TOBLERONE
Pralinés
INSPIRATION IST ALLES.

packung enthält. Mit dem Snack-pack will das Unternehmen einen «führenden Platz im stark wachsenden Riegelsegment einnehmen».[55] 1992 folgt die Toblerone 6x400 g Touristenausgabe mit einem Karton-Henkel, die vier Toblerone Milch und je eine weisse und schwarze enthält und für den Verkauf in Flughäfen und Tourismusregionen bestimmt ist.[56] 1995 bringt Kraft Jacobs Suchard die Toblerone Mini (drei Zacken, 12,5 g, 46 mm) auf den Markt, die später auch in weisser und zartbitterer Ausführung erhältlich ist. 1996 erweitert die erste gefüllte Toblerone[57] – Toblerone Blau – die Produktfamilie, und 1997 folgen die Toblerone Pralinés. Im neuen Jahrtausend geht es Schlag auf Schlag weiter: 2001 werden in Grossbritannien und Australien die «One by One» eingeführt, einzelverpackte Toblerone-Zacken in fünf Ausführungen.[58] 2003 kommt die Neuheit in Frankreich, Italien und Portugal auf den Markt, 2004 in Kanada, Belgien, den Niederlanden, Japan und weiteren Ländern, 2005 schliesslich auch in Deutschland und Österreich. Zielgruppe der «One by One» sind «junge und jung gebliebene Schokoladeliebhaber, die etwa Spass am Teilen mit Freunden und Naschen zwischendurch haben» oder deren Gesundheits- und Körperbewusstsein «kleine, kontrollierbare Portionen» bevorzugt.[59]

1990 übernimmt der Tabakmulti Philip Morris die Jacobs-Suchard-Gruppe. Als Chefstratege der Diversifikation gilt Konzernleiter Hamish Maxwell

Zum 95-Jahr-Jubiläum der Toblerone wird 2003 eine Limited Edition kreiert, deren Zacken – nach dem Vorbild des Matterhorns – eine weisse Spitze haben. Die Idee für dieses Produkt kommt aus der Schweiz und soll helfen, das Geschäft in der Tiefsaison zwischen Weihnachten und Ostern zu beleben. Im selben Jahr präsentiert die für das Duty-free-Geschäft zuständige World Travel Retail

Die neuen Besitzer wollen das Potenzial der Toblerone mit immer neuen Produkten besser ausschöpfen: Toblerone Mini, 1995

Linke Seite:
Toblerone Pralinés seit 1997. Eine Anzeige von 1999 inszeniert das neue Produkt als Geschenkartikel

«Snack-pack», die 1990 lancierte 35-g-Toblerone, ist meist in einer Dreier-Packung erhältlich

«Snow Top» wird 2003 zum 95-Jahr-Jubiläum der Toblerone eingeführt

Division an der Tax Free-Weltausstellung erstmals die 6-Gramm-Toblerone in Geschenkpackungen und Beuteln. Die Neuheit findet grossen Anklang, sodass 2004 ein zusätzliches Produkt folgt, der

«One by One», einzeln verpackte Zacken, seit 2001

Tiny Party-Beutel. Mit diesem erzielt die World Travel Retail Division 2005 bereits zehn Prozent der gesamten Toblerone-Umsätze, was eine Verdoppelung gegenüber 2004 bedeutet.[60] Auf dem Schweizer Markt wird die Toblerone tiny als Toblerone miniature verkauft und ist seit 2003 in allen drei Geschmacksvarianten erhältlich.

Der Name Toblerone steht inzwischen für ein breites Produktsortiment in verschiedenen Packungsgrössen. Auf einigen Toblerone-Packungen ist ein «K» für koscher aufgedruckt. 2003 organisiert die Berner Fabrik einen Besuch des Oberrabbiners von Brooklyn/New York, um sich von ihm medienwirksam bestätigen zu lassen, dass die so markierte Toblerone den Lebensmittelvorschriften der Thora entspricht.[61] Kraft Foods bemüht sich, mit Variationen und speziellen Packungen immer neue Kundensegmente zu gewinnen und so das Potenzial der Toblerone immer noch ein bisschen besser auszuschöpfen.

Gold und Swissness im Duty-free-Shop

Wenn die Duty-free-Abteilung bei der Entwicklung neuer Produkte ein gewichtiges Wort mitreden kann, hat dies einen guten Grund: Die Duty-free-Shops verkaufen inzwischen rund ein Viertel der Toblerone-Produktion und sind damit der wichtigste Absatzmarkt. Die Toblerone wird hier mit spezieller Verpackung und eigenen Formaten gezielt als Prestigeartikel inszeniert und ist in der Regel sogar teurer als im normalen Handel.[62] Zusammen mit Krawatten, Kosmetika und ähnlichen Artikeln gehört sie zu den «unechten» Duty-free-Artikeln, denn im Gegensatz zu alkoholischen Getränken und Tabakwaren bringt bei ihnen der Wegfall des Zolls keinen Preisvorteil. Mit den anschwellenden Strömen von Reisenden und der Vergrösserung der Verkehrsflughäfen haben aber die Duty-free-Läden ihr Sortiment seit den frühen 1970er Jahren ständig um Produkte erweitert, die sich auch als Geschenk eignen, um so den wartenden Flugpassagieren ein spezielles Konsumerlebnis anzubieten.

Im Duty-free-Bereich wird Toblerone mit speziellen Verpackungen als Premium-Artikel positioniert …

Schon in den 1960er Jahren verkauft Chocolat Tobler die Toblerone an die wichtigsten Duty-free-Handelsfirmen in Europa. Diese beliefern nicht nur die damals noch kleinen Flughafen-Shops, sondern auch andere Kunden, die unverzollte Ware anbieten dürfen: Fährgesellschaften in Skandinavien, Deutschland und Grossbritannien;

… und glänzt dabei zumeist in edlem Gold

Unmissverständlicher Geschenk-Appeal: Mini-Tobleronen mit Plüschhund

Zollfreizonen wie Andorra in den Pyrenäen, die Nordseeinsel Helgoland und Samnaun im Kanton Graubünden an der östlichen Schweizer Landesgrenze; Armeegeschäfte der in Europa stationierten Truppen aus den USA, Kanada und England und «Hard currency shops» in den Ostblockstaaten, in denen zahlreiche westliche Luxusartikel angeboten werden und nur westliche Währungen als Zahlungsmittel zugelassen sind wie in den Intershops der DDR.[63] Ein Eckpunkt für die Erfolgsgeschichte der Berner Spezialität auf dem Duty-free-Markt ist das Jahr 1978, als die Verantwortlichen der Exportgesellschaft Multifood den Entscheid fassen, an der jährlich stattfindenden Duty-free-Messe in Cannes teilzunehmen. Bis dahin hat noch keine andere Schokoladefirma sich unter die namhaften Firmen gemischt, die die Messe mit ihren weltweit bekannten Markenartikeln – Zigaretten, Parfums oder Spirituosen – dominieren und den gerade einmal drei mal drei Meter grossen Stand der Multifood leicht amüsiert betrachten.[64] Deren Produktpalette findet aber eine gute Aufnahme. Dank der Toblerone ist Jacobs Suchard 1987 in der Kategorie «Verschiedenes», zu der die Schokolade zählt, die bekannteste Firma, noch vor Christian Dior, Nina Ricci oder Swatch. Zur Vermarktung der Toblerone dienen «elegante Displays in allen grossen prestigeträchtigen Flughäfen» und «eindrückliche Verkaufsaktionen»: So wird 1989 in Hongkong eine spezielle Toblerone-Tasche mit 9 x 400 g Toblerone Milch als Inhalt verkauft. «Unsere Hauptkunden in Asien sind die Japaner, für die es die natürlichste Sache der Welt ist, gleich eine solche Verkaufseinheit von 3,6 Kilogramm Schokolade nach Hause zu bringen.»[65] In den 1980er Jahren werden zudem Toblerone-Bündel à sechs Stück (100 g und 50 g) in allen drei Geschmacksrichtungen kreiert, um die Verkäufe weiter zu steigern.

Zwischen 1987 und 1994 verdoppeln sich die Toblerone-Verkäufe in den Duty-free-Läden. Die starke Marke widersteht in dieser Zeit grossen Krisen wie dem Golfkrieg oder der ökonomischen Rezession in den nordischen und europäischen Märkten.[66] 1994 schafft Kraft Jacobs Suchard mit der «International Duty free Division» eine eigene Abteilung, die 1999 in «Word Travel Retail Divison« umbenannt wird, weil in diesem Jahr der steuerfreie Einkauf auf Reisen innerhalb der Europäischen Union nicht mehr zugelassen ist. Von den Produkten dieser Geschäftsabteilung hat die Toblerone 1999 mit 69 Prozent den weitaus grössten Umsatzanteil, gefolgt von Milka mit

Rechte Seite:
Nach zarten Anfängen in den 1960er Jahren wächst das Duty-free-Geschäft mit der stark steigenden Zahl der Flugreisenden ab 1970 rasant an

FRANCE

Das volle Toblerone-Programm: Duty-free-Shop im Sydney Airport, 2007

16 Prozent. Bis 2006 wachsen die Toblerone-Umsätze auf mehr als 30 Millionen verkaufte Einheiten pro Jahr.

Als ein Hauptgrund für den Erfolg im Duty-free-Bereich gilt der Entscheid aus den späten 1980er Jahren, mit der goldenen Verpackung und Exklusivitäten für diesen Geschäftsbereich eine spezielle Toblerone-Linie zu schaffen. Alle anderen Business Units dürfen die Verpackungen und Formate nicht anbieten. Die Schokolade ist die gleiche wie in den übrigen Märkten. Verkaufsschlager ist bis heute die 1968 eingeführte 400-Gramm-Toblerone. Das Toblerone-Sortiment für die Duty-free-Läden zielt auf Kunden, die zum spontanen Kauf bereit sind und ein schönes, aber nicht allzu teures Geschenk nach Hause bringen wollen. Dem Erfolg wird mit offensivem Instore-Merchandising nachgeholfen, mit Displays und Marketingevents.[67]

1993 betonen die Marketingspezialisten den Prestigecharakter der Toblerone mit der Werbekampagne «Toblerone – the one and only», die Ausschnitte der goldenen Duty-free-Verpackung zeigt. Das Motiv erscheint 1994 als Anzeige in Zeitschriften von Fluggesellschaften und des Duty-free-Handels und auf Plakaten in Flughäfen

Tankstopp in Shannon

Der inzwischen grösste Exportmarkt der Toblerone hat seine Wurzeln auf einem Flughafen im irischen Shannon. Dort eröffnet die Aer Rianta 1947 ihren ersten Duty-free-Shop. Auf dem Flugplatz legen zu dieser Zeit die Transatlantikflüge einen Tankstopp ein, während dem die Passagiere sich die Beine vertreten, im Restaurant dinieren oder in einem kleinen Laden Souvenirs, Spirituosen oder Zigaretten einkaufen können – und zwar zollfrei, weil die irische Regierung beschlossen hat, zur Belebung der Konjunktur in diesem wirtschaftlich darbenden Landstrich im Westen der Insel eine Zollfreizone einzurichten.

Inzwischen legen die Amerika-Flüge in Shannon längst keinen Halt mehr ein, zudem sind sie billiger und viel häufiger geworden. Die Zahl der Flugpassagiere ist seit den 1970er Jahren exponentiell gestiegen, und rasant vermehrt haben sich parallel dazu auch die Duty-free-Läden. Den Flughafenbetreibern bringen sie Mieteinnahmen und helfen die kostspieligen Infrastrukturanlagen zu amortisieren. Heute gibt es schätzungsweise 2000 Flughafenshops, die auch Schokolade verkaufen, und rund 1,6 Milliarden Flugpassagiere pro Jahr.

und auf Fähren.[68] Das Duty-free-Marketing setzt zudem auf Swissness inklusive Matterhorn, schon bevor der markante Berg zum offiziellen Logo der Toblerone wird: Die erste weltweite Promotionsaktion für die Toblerone erinnert 1995 in den 50 wichtigsten Duty-free-Läden auf vier Kontinenten an den schweizerischen Ursprung der Schokolade und zeigt auf Werbematerialien einen Toblerone-Zacken neben dem Matterhorn.[69] Der ausländische Reisende assoziiere das Dreieck der Toblerone mit dem Matterhorn, «dessen Gipfel ja wie kaum etwas anderes mit der Schweiz in Verbindung gebracht wird», heisst es damals.[70]

Gold im Duty-free: Verpackung seit 2001 und Jubiläums-Design für 2008

Neues – gar nicht so neu

Ende der 1990er Jahre beschliessen die Marketingspezialisten, den Swissness-Trumpf wieder generell verstärkt auszuspielen: Im Zuge einer Erneuerung des Verpackungsdesigns prangt seit dem Jahr 2000 auf jeder Toblerone das Matterhorn mitsamt dem Berner Bär, dessen Umriss im Berg zu erkennen ist. Mit der Betonung des «Schweizerischen» und dem Rückgriff auf das Matterhorn erlebt eine schon hundert Jahre früher bekannte Werbestrategie der Schweizer Schokoladebranche eine breite Renaissance.

Neben der normalen Verpackung setzen nicht nur die Duty-free-Verantwortlichen, sondern auch andere Business Units regelmässig Toblerone-Ausgaben ein, sogenannte Sleeves, welche mit eigenen Schriftzügen und Abbildungen auf einer der drei Verpackungsseiten erscheinen. So gibt es die Weihnachtsverpackungen mit Schneemännern («Winteredition»), jene für Ostern mit Ostereiern und Hasen und die Valentinstag-Versionen («to my love, to the one and only»). Die Sleeves durchlaufen einen «Trademark check», werden von einer «Election Group» ausgewählt[71] und können auch von mehreren Business Units verwendet werden. Die Ausnahme bilden die Sleeves der Duty-free-Abteilung, die Exklusivität beansprucht. Wie die Swissness sind auch die Sleeves keine wirklich neue Idee: Solche Verpackungen für die Toblerone gibt es schon in den 1970er Jahren, damals sind sie in der Schweiz als Oster- oder Weihnachtsbanderolen bekannt. 1973 verpackt etwa auch Tobler Stuttgart vier Stück 100-Gramm-Toblerone zu einer Festtags-Packung mit Osterdesign.[72]

Seit 2000 ziert das Matterhorn mit Berner Bär als offizielles Logo jede Toblerone

Neue Dimensionen nimmt in den 1980er Jahren das in früheren Jahrzehnten relativ bedeutungslose Sponsoring an. Hintergrund sind die zunehmende Mediatisierung der Gesellschaft und die wachsende Einsicht, dass Sponsoring das Image eines Produktes bei bestimmten Zielgruppen wesentlich beeinflussen kann. 1991 dringt die Toblerone in die Tenniswelt ein, dank Sponsorengeld für das Ladies European Indoors in Zürich. 1992 erhalten am Zürcher Indoors bei der live vom Fernsehen übertragenen Siegerehrung alle Finalteilnehmerinnen eine Jumbo-Toblerone.[73]

Um sich Marktanteile bei der künftigen Kundschaft zu sichern, sponsert das Unternehmen in den 1990er Jahren die Schweizer Skischule: Die Zusammenarbeit erlaube es zudem, den wachsenden Bedürfnissen der Konsumenten nach «aktivitätsorientierten Produkten» zu entsprechen,[74] also «Event-Marketing» zu betreiben. In 140 Skischulen in der ganzen Schweiz werden 200 Toblerone-Skiständer aufgestellt.[75] «Toby-Land» – das sind Hilfsmittel für Skianfänger – und ein Toblerone-Bär namens Toby dienen als Werbeträger in den Kinderskischulen.[76]

Speziell gestaltete Verpackungen sollen einen zusätzlichen Kaufanreiz bilden …

... und das saisonale Geschäft beleben

Unklare Positionierung der Marke Toblerone

In der Fachpresse bezeichnet 1992 der zuständige Marketing-Manager die Toblerone als «eigenständig, eigenwillig, einmalig» sowie als «schweizerisch und international zugleich».[77] Diese Charakterisierung ist einerseits als Lob gedacht, zeigt aber anderseits die Schwierigkeiten bei der Vermarktung der Toblerone: Einmalig ist sie, eine Spezialität und darum als Geschenk geschätzt. Gleichzeitig soll sie im Massenmarkt erfolgreich und deshalb alltäglich sein. Somit gibt es einen Konflikt zwischen dem Gold der Duty-free-Toblerone und den Bedürfnissen der übrigen Märkte. Knifflig zu handhaben ist ebenso der Gegensatz zwischen dem schweizerischen und internationalen Image der Toblerone: Die Marketingspezialisten wollen den internationalen Markt erobern, indem sie eine junge Kundschaft ansprechen, für die neue Trends aus den USA mehr zählen als traditionelle Werte, wie sie die Schweiz verkörpert. In diesen Spannungsfeldern bewegt sich das Toblerone-Marketing bis heute.

Die Zielkonflikte sind in den Werbespots, Inseraten und Kampagnen der 1990er Jahre ablesbar. Eine wirklich internationale Markenstrategie existiert nur in Ansätzen, und die typische Toblerone-Welt, die den Marketingspezialisten vorschwebt, lässt sich nicht etablieren. Im Rückblick auf jene Jahre wird der unabhängige Marketing-Konsulent Pascal Kreder 2003 feststellen, dass Toblerone, international gesehen, unklar positioniert war. Unterschiedliche Werbeausrichtungen hätten in den einzelnen Ländern das Potenzial der Marke gemindert.[78]

Die Vielfalt in der Toblerone-Werbung der 1990er Jahre ist beträchtlich. 1990 verwöhnt in einem deutschen Werbefilm ein kleines Mädchen seine Eltern mit einer Toblerone und soll, dem Filmkonzept zufolge, damit beweisen, dass die Schokolade «etwas Gutes für die ganze Familie»ist und «für alle und für jede Zeit» geeignet sei.[79] In der Schweiz läuft im selben Jahr ein vor der Küste Kaliforniens gedrehter Spot mit Segelyacht und junger Besatzung im Freizeitlook, die sich an Toblerone erfreut. Der Film, der später auch in anderen Ländern gezeigt wird, orientiert sich an den global gültigen Zielsetzungen für die Marke und dem «Gipfel des Vergnügens»-Konzept, das die Toblerone imagemässig mit einer neuen Generation von jungen, aktiven und sportlichen Konsumenten in Verbindung bringen soll. Der Spot will ein «typisches Lebensstil-Szenario» zeigen.[80] Swissness gilt damals wenig, wie der Kreativmanager der produzierenden Werbeagentur in einem Interview erklärt: In Hongkong zum Beispiel denke beim Essen der Toblerone kein Mensch an die Schweiz.[81]

Im Werbefilm «Und im Mund geht's rund» (auf französisch lautete der Claim: «Toblerone qui rock en bouche!» und auf englisch: «Toblerone does more for your mouth!») von 1993 ist zwar von «Swiss chocolate» die Rede. In erster Linie soll aber der Spot die speziellen Eigenschaften der Toblerone inszenieren,[82] die Schokolade wieder stärker ins Bewusstsein der Konsumenten bringen und sie vom Image der Exklusivität wegführen, die «nur zu besonderen Gelegenheiten» genossen oder den Verwandten «als Geschenk zum Sonntagskaffee» mitgebracht wird.[83] Der in der Schweiz, Australien, Dänemark, Norwegen und Schweden ausgestrahlte Werbefilm zeigt eine elegante Dame, die auf einem Drehsessel sitzt, mit einem Griff eine Toblerone-Packung öffnet, den ersten Zacken abknackt, ihn in den Mund steckt und dann die Augen weit aufreisst. Jetzt verzerren die Ecken der Toblerone ihre Wangen überdeutlich, und nach dem nächsten Zacken verzieht sich – nach einem Kuss in die Kamera – der Mund zum überbreiten Grinsen, die Haare stellen sich in die Luft, und eine überlange Zunge schnellt kurz hervor. Dann, nach dem Genuss der «widerspenstigen» Toblerone, lehnt sich die Frau entspannt zurück und schliesst die Augen.

Die «Und im Mund geht's rund»-Kampagne bewirbt die klassische Toblerone, kombiniert mit dem noch jungen 35-Gramm-Riegel. In jenen Jahren gilt die Devise, das Werbegeld vor allem für neue Produkte auszugeben und weniger, um Informationen über etablierte Produkte zu erneuern.[84] Die Werbung für bisherige Produkte kann aber nicht ganz vernachlässigt werden, denn die Toblerone-Neuheiten sollen Zusatzkäufe generieren und nicht das bisherige Sortiment kannibalisieren. Deshalb ist eine «Leistungspflege» für die «normale» Toblerone notwendig.[85]

Auf die traditionelle Verbindung zwischen Schokoladekonsum und Sinnlichkeit setzt der in mehreren Ländern gezeigte Spot «The pleasure that lasts longer». Er spielt dabei offensiv mit unmissverständlichen sexuellen Andeutungen: Mehrere weiss gekleidete, halb nackte Beaus betreten hintereinander einen orientalischen Saal und massieren dort der Reihe nach den entblössten Rücken einer liegenden Schönheit, die dazu demonstrativ lüstern Zacken um Zacken einer Toblerone verspeist. Ein britischer Werbespot kombiniert Sinnlichkeit mit englischem Humor: Eine blonde Mittdreissigerin in einem Schlossinterieur liegt auf einem Sofa und geniesst Toblerone, während im Hintergrund ihr Ehemann, ein Greis mit nackten Beinen und Sockenhaltern, herumtappt und mit leise krächzender Stimme fragt: «Honey, have you seen my socks?» Daraufhin erklärt ein Kommentar, man mache im Leben viele Kompromisse, aber die Schokolade sollte nicht dazu gehören: «Toblerone – uncompromisingly good». Der Spot verweist auch auf die schweizerische Herkunft: Imported from Switzerland.

Die Illustration für eine britische Kampagne von 1995 reaktiviert in modernisierter Form das Bergmotiv

Eine im Jahr 1995 in Grossbritannien laufende Werbe-Kampagne reaktiviert in humoriger und modernisierter Form das Bergmotiv der traditionellen Schweizer Schokoladewerbung: In Zeitschrifteninseraten bläst auf einem Alpengipfel ein Senn in eine riesige, wie ein Alphorn gebogene Toblerone.[86] 1996 und 1997 werben Toblerone-Spots in Deutschland und der Schweiz mit dem Matterhorn. Im Film für die blaue Toblerone betrachten japanische Touristen in einer Bergkulisse mit fortschreitender Schläfrigkeit das Matterhorn. Aufgeschreckt werden sie von einer drallen Blondine in Trachtenkostüm, die ihren – einem Kuckucksuhr-Häuschen ähnelnden – Chaletkiosk öffnet und ins Land jodelt: «Das isch die neui blaui Toblerone!» Die Japaner strömen zum Kiosk und kaufen massenweise Toblerone. Im Werbespot für die Toblerone Pralinés verabschieden sich zwei Bergsteiger am Fuss des Matterhorns von ihren Ehefrauen. Während die Männer sich mit einer 100-Gramm-Toblerone auf den beschwerlichen Weg machen, steigen die Damen in den Helikopter der Air Zermatt: «Manche mögen die Toblerone auf die bewährte Tour, andere probieren gerne etwas Neues – Toblerone Pralinés.» Als die Männer verschwitzt auf dem Gipfel des Matterhorns ankommen, plaudern dort die Gattinnen an einem weissen Tischchen und essen dazu Toblerone Pralinés.

Zum 90-Jahr-Jubiläum der Toblerone wird 1998 die Kampagne «Toblerone inspires the world» lanciert, die der Marke zu neuem Schub und international höherer Bekanntheit verhelfen soll. Die Werbung will scherzend suggerieren, die einzigartige Form der Toblerone habe weltberühmte Monumente inspiriert, so die antiken Pyramiden von Gizeh, die Oper von Sydney («Und Sie glauben immer noch, der Architekt hat sich von einem Schiff inspirieren lassen?») oder das Matterhorn («Es gibt keine Zufälle»).[87] Die zehn grössten Flughäfen Europas werden ausgewählt: In den Duty-free-Läden stehen übergrosse goldglänzende Praliné-Verpackungen in Gestalt des Matterhorns. Auf verschiedenen Flughäfen finden

ANTIKER
TOBLERONISMUS?
Ob eines der Sieben Weltwunder von einem Wunder aus der Schweiz inspiriert wurde, beantwortet sich spätestens beim Genuß der einzigartigen Dreiecke aus Schweizer Milchschokolade mit Honig und Mandelnougat.
TOBLERONE
INSPIRATION IST ALLES.

im Jahr 2000 besonders grosse Promotionsaktivitäten statt. Zudem ist für dieses Jahr ein neues Plakat geplant, mit einer startenden Concorde und dazu der Text: «Den Prototypen gibt es schon seit 100 Jahren.» Als am 25. Juli 2000 um 16.43 Uhr eine Concorde nur zwei Minuten nach dem Start in Paris abstürzt und 113 Menschen ums Leben kommen, wird das Concorde-Plakat innerhalb von 48 Stunden weltweit durch das Matterhorn-Plakat ersetzt.[88] Die «Inspires the world»-Kampagne ist aber auch sonst weitgehend ein Misserfolg: Konsumentenbefragungen zeigen, dass der Ansatz der Kampagne zu emotionslos, zu konservativ und zu intellektuell ist.[89] Nach Jahren des eindrücklichen Wachstums der Toblerone-Produktion geht diese 2001 vorübergehend leicht zurück.

Zu intellektuell und zu wenig Emotion: Die Kampagne von 1998 bis 2000 löst in Werbekreisen wenig Begeisterung aus

Schokolade mit widerspenstigem Charakter

Die zweite internationale Kampagne unter Kraft Foods soll erfolgreicher sein. Sie stammt von Advico, Young & Rubicam und heisst je nach Land «What?», «Et alors?», «¿Y Qué?» oder «Na und?!» Die Kampagne will das «Toblerone-Feeling» und die Produkteinmaligkeit aktivieren.[90] Denn Marktstudien haben gezeigt, dass die Toblerone mehr als einfach Schokolade sei: «Konsumenten beurteilen den Toblerone-Genuss als ‹Upgrade› des normalen Schokoladeessens, als spezielles Erlebnis, als spielerische Herausforderung und als einmaligen geschmacklichen Genuss.»

Ab 2001 zeigen Plakate in zahlreichen Ländern jüngere Frauen und Männer, deren Wange durch einen Toblerone-Zacken verzerrt ist. Die Duty-free-Plakate sind an die Reisesituation angepasst und zeigen zum Beispiel eine blonde Sommertouristin mit Toblerone-Wange («What? – Anything to declare?») und einen Rucksack-Touristen, der das gekaufte Toblerone-Geschenk selber verschlingt («Present? What Present?»). In Spanien läuft die Kampagne im Internet, in Frankreich, Hongkong und in Grossbritannien auf Grossplakaten. In Australien fahren Motorroller und Busse mit den Plakatmotiven herum. In der Schweiz ziert eine Brünette mit Toblerone-Wange die Verpackung der Schokolade. Vielerorts gibt es Wettbewerbe. Kernstück der Kampagne sind schwarz-weisse TV-Spots, die nur die Toblerone in Farbe zeigen und mit dem Slogan enden: «Toblerone – Schokolade mit Charakter.» Den Spot gibt es in drei Versionen: ein Model auf dem Laufsteg, ein Top-Manager am Ende des langen Sitzungstisches und eine Braut vor dem Traualtar, die den Schleier

Kawasaki
Ninja

Allianz
hp
Shell
AMD

hebt. Die drei Protagonisten verblüffen mit ihrer Toblerone-Wange die übrigen anwesenden Personen. Gezeigt werden die Werbefilme in der Schweiz, in Deutschland, Grossbritannien, den Niederlanden, Portugal, Rumänien, Kanada und Neuseeland.

In Österreich läuft 2005 eine neue Werbekampagne an, die ebenfalls mit der Dreiecksform spielt. «Gut, dass nicht alles von uns erfunden wurde», lautet der Slogan auf den drei verschiedenen Plakaten, die ein Motorrad beziehungsweise Fahrrad mit dreieckigen Rädern zeigen und eine Spielzeug-Autorennbahn mit dreieckigem Looping. In einem Werbespot verdrehen sich in einer Disco die Tanzenden in kurioser Weise, weil die Musik so schaurig ist, da sie von einer dreieckigen Schallplatte stammt. Die Kampagne wird 2005 national und international mehrfach ausgezeichnet und erhält unter anderem den österreichischen Staatspreis für Werbung.[93]

Beide Kampagnen zeigen offenbar Wirkung: 2005 legt die Toblerone weltweit zu und erreicht eine Rekordmenge von mehr als 30 000 Tonnen. Der Duty-free-Bereich erhöht seinen Umsatz um 12,7 Prozent, und der asiatische Raum legt um 11,4 Prozent zu. Die Verkäufe in Europa und Afrika, im Nahen Osten und in den USA steigen ebenfalls, nur in Südamerika gehen sie zurück. Spitzenreiter bleibt die klassische Toblerone Milch (84 Prozent), gefolgt von der weissen Toblerone (neun Prozent), der schwarzen Version (sechs Prozent) und den Pralinés (ein Prozent).

Knappes Geld für die Toblerone

Unter Kraft Foods ist die inzwischen in Zürich ansässige Global Marketing Group für das weltweite Marketing und den einheitlichen Markenauftritt zuständig. Sie entwickelt die Verkaufs- und Brandstrategie für alle Kernmarken. Vertreten in der Marketing-Zentrale sind nebst Brandmanagement und Marktforschung auch die für die einzelnen Marken zuständigen Werbeagenturen und die wichtigsten der insgesamt 52 Business Units. Jede Unit hat eine eigene Marketingabteilung, die dafür verantwortlich ist, die von der Zentrale vorgegebenen Umsatzziele zu erreichen. Ihre Gelder sind begrenzt und werden schwergewichtig für Produkte eingesetzt, von denen sich sehr grosse Volumen verkaufen lassen. Deshalb erhält Milka höhere Werbebudgets als Toblerone.[91] Im Jahr 2002 werden für Milka zum Beispiel allein in Grossbritannien, Deutschland und Frankreich ca. 20 Millionen US-Dollar für Werbung in Massenmedien ausgegeben, für die Toblerone weltweit im selben Jahr nur ein Drittel davon.[92] In den nächsten Jahren reduziert sich dieser Betrag für die Toblerone noch einmal um die Hälfte. Teure Fernsehwerbung leisten sich vor allem Länder mit hohen Umsätzen, also Grossbritannien, Deutschland und die Schweiz.

Grosse Pläne für das «Juwel»

Das Global Toblerone Management von Kraft Foods in Zürich gibt sich mit dem erzielten Wachstum nicht zufrieden. Die Toblerone-Verantwortlichen sehen ein unausgeschöpftes Potenzial und entwickeln deshalb 2005 gemeinsam mit der Global Marketing Group, in der die Business Units der grössten Toblerone-Absatzmärkte und die Werbeagentur Ogilvy vertreten sind, eine globale Wachstumsstrategie mit dem Titel «Unlocking the Potential».[94] Vieles spricht für ein weiteres Marktwachstum der dreieckigen Schokolade aus Bern. Laut einer Studie ist die Toblerone zwar in vielen grossen Märkten als Schokolade sehr bekannt, kommt aber im Vergleich zu anderen Schokoladen nicht auf die entsprechenden Marktanteile. Offensichtlich lässt sich mit höheren Investitionen in Werbung und Promotion mehr Toblerone verkaufen, wie zwei Beispiele zeigen: In Kanada haben sich die Toblerone-Umsätze dank verstärkten Anstrengungen zwischen 2001 und 2004 beinahe verdoppelt und auf den Philippinen zwischen 2000 und 2004 sogar mehr als dies.

Das Strategiepapier bezeichnet die Toblerone als «Juwel», für welches bisher nicht genug getan worden sei. Was macht die Toblerone so kostbar? Seit 1908 haben sich ihre Form und Farben kaum geändert. Eine Marktstudie zeigt, dass neun von zehn Personen einen neutralen dreieckigen

Linke Seite:
Motive für die Kampagne «Gut, dass nicht alles von uns erfunden wurde».
Fotografie und Bildbearbeitung staudinger + franke, Wien

Die jüngste Toblerone-Variation «Fruit & Nut» wird 2007 zuerst in Grossbritannien lanciert

Riegel als Toblerone erkennen. In der Schweiz sind es sogar 98 Prozent und in Grossbritannien 93 Prozent. Zudem empfiehlt sich die Toblerone dank ihrem Schweizer Qualitätsimage, der Kartonverpackung und dem besonderen Rezept als Premium-Schokolade.[95] Sie ist in 122 Ländern erhältlich und damit die globalste Marke von Kraft Foods. Die Toblerone hat eine vergleichsweise hohe Gewinnmarge und ist die Ikone des Duty-free-Geschäfts. Ausserdem hat die Toblerone-Fabrik in Bern noch Kapazitätsreserven, für ein weiteres Wachstum braucht es also keine neue Produktionsstätte. Gleichzeitig bleibt die Toblerone für die Brandmanager und Marketingspezialisten auch künftig eine knifflige Aufgabe: Sie ist weder eine Tafel noch ein Riegel, und sie lässt sich auch nicht konsequent als Schokolade für den Alltag positionieren, da sie gleichzeitig im Duty-free-Geschäft ein spezieller Geschenkartikel ist und dieses Image auf andere Märkte ausstrahlt.

Für die künftige Vermarktung will man aus den Schwächen bisheriger Kampagnen die Lehren ziehen. Die «What?»-Kampagne von 2001 gilt nachträglich nur als gut, nicht als Spitzenklasse: Sie habe die Marke nicht in eine klare Konsumsituation gerückt, zu wenig Emotionen geweckt und möglicherweise den Appetit auf Toblerone gar nicht angeregt. Wie schon die «Inspires the world»-Kampagne habe zudem auch die «What?»-Kampagne auf viele Leute etwas arrogant und distanziert gewirkt.[96]

Der 2005 getroffene Entscheid, die Toblerone künftig stärker zu fördern, mündet in die Kampagne «Lose yourself in the Toblerone Triangle», die das persönliche Genusserlebnis betonen und emotionale Verbundenheit schaffen will. Als Hauptfigur schlagen die Fachleute eine attraktive Frau vor, die Genussfantasien hat.[100] Für die Lose-yourself-Kampagne werden zwei Plakate und ein Werbefilm kreiert. Der in mehreren Ländern ausgestrahlte Spot zeigt in warmen Farben eine witzig-verspielte Toblerone-Welt voller Wohligkeit und purem Schokoladevergnügen: Eine dunkelblonde, entspannt lächelnde Frau liegt weich gebettet in einem Ruderboot auf einem Fluss aus Honig in einer lieblichen Landschaft. Sie steckt einen Zacken Toblerone in den Mund: Süssliche Musik erklingt, auf dem Gesicht der Frau erscheint ein verzücktes Lächeln, die Knospen mehrerer Seerosen blühen auf. Jetzt zählt eine Frauenstimme mit verführerisch französischem Akzent die Zutaten der «rich Swiss chocolate» auf, und dazu gleitet in fliessender Bildfolge eine süsse Fantasiewelt vorüber: ein schokolade-

Wechselhafte Geschichte der Toblerone-Filmwerbung: Lichtbild von 1925

Von Bern in die weite Welt

Die Toblerone wird nicht überall auf der Welt gleich gut verkauft: Zehn der insgesamt 52 Business Units von Kraft Foods übernehmen im Jahr 2005 fast 80 Prozent der Toblerone-Produktion. Zu diesen Einheiten mit grossen Umsätzen gehören Deutschland, Grossbritannien und die Schweiz, aber auch Kanada und Australien. Der stärkste Einzelmarkt ist der Duty-free-Bereich, der rund einen Viertel der jährlichen Toblerone-Produktion verkauft. Die Business Units bestellen die Toblerone in der Fabrik in Bern-Brünnen und geben an, wann sie die Ware haben wollen.[97] Die europäischen Units lassen die Schokolade durch ihren Spediteur abholen. Die Lieferzeiten variieren stark und hängen zum Beispiel von den jeweils freien Kapazitäten ab. Je nach Markt müssen die Verpackungen mit anderen Sprachen und unterschiedlichen Angaben bedruckt werden. 2001 ist die Zutatenliste in rund 30 Sprachen erhältlich, dazu kommen Varianten wie Kanadisch-Französisch oder Mexikanisch-Spanisch.[98] Ein eigentliches Lager, in dem Toblerone gestapelt wird, gibt es nicht. Die grossen Units holen ihre Ware laufend ab. Die Schweizer Einheit unterhält ein eigenes Zwischenlager in Villmergen und beliefert von dort aus die Kunden. Für kleine Units wie Russland oder die Ukraine benutzt die Fabrik in Brünnen teilweise Paletten, die sie intern einlagern kann. Für Länder in Übersee wird die Ware in Containern gestapelt, um diese dann per Bahn in die Häfen von Antwerpen oder Rotterdam transportieren zu lassen. Nicht alle Ware gelangt direkt auf die Zielmärkte: Ein Teil der Toblerone-Lieferungen für das Duty-free-Geschäft kommt zuerst nach Slowenien, wo die Schokolade speziell verpackt oder etwa in Taschen oder Rucksäcke für Kinder abgefüllt wird.[99]

Sponsoring-Aktion im Zürcher Hauptbahnhof: Schweizer Kletter-Meisterschaften 2006

braunes Aquädukt, in dem schimmernd flüssige Schokolade fliesst; im honiggelben Wasser mandelförmige Fische und bienenstockartige Ruderblätter des Boots; gestreifte Bienen steigen wie Wasservögel aus dem gemächlich fliessenden Honigfluss empor; im Hintergrund kurz das Matterhorn; ein sechseckiger Schokoladebrunnen; ein dreistöckiges Gebilde wie eine Hochzeitstorte, über die sich langsam Schokolade ergiesst; im Hintergrund ein mittelalterliches Städtchen; ein Uhrturm, der entfernt an den «Zytglogge»-Turm in der Berner Altstadt erinnert. Dort schlägt ein attraktiver Trachtenmann als automatische Uhrenfigur mit einer Axt zwischen die Zacken einer grossen Toblerone, worauf ein Glockenschlag ertönt. Kurz vor seinem zweiten Schlag öffnet sich – dem Tor einer Schwarzwälder Kuckucksuhr ähnlich – ein Türchen: Eine Automatenpuppe in rot-weissem Trachtenoberteil und hellblauem Jupe tritt heraus – die Frau aus dem Boot. Sie lächelt, als durch den zweiten Schlag des Gockenschlägers sich ein kleiner Toblerone-Zacken löst und in ihrer Hand landet. Sofort führt sie ihn zum Mund, ein Schnitt folgt, und die Bewegung wird von der Dame im Boot aufgenommen. Als der Zacken im Mund endet, zeigen ihr Blick und Gesichtsausdruck grösste Verzückung und Befriedigung. Ein aufforderndes Lächeln erscheint auf ihren Lippen, dazu sind die Worte zu hören: «... and lose yourself in the Toblerone Triangle».

Rechte Seite:
Eine Konstante in der Schokoladewerbung: Frau und Genuss. Plakat aus der Werbekampagne von 2007

LOSE YOURSELF IN THE
TOBLERONE
TRIANGLE
WHERE SWISS CHOCOLATE WITH HONEY AND ALMOND NOUGAT WILL BE FOUND.

1 Interfood S.A.: Rapport de gestion Exercice 1972/1973, Company Archive Kraft Foods Deutschland, Bremen, AKFD
2 Protokoll des Verwaltungsrates der AG Chocolat Tobler, 13.12.1972, Staatsarchiv des Kantons Neuenburg (Archiv Suchard Tobler), AST
3 Interfood S.A.: Rapport de gestion Exercice 1970/1971, AKFD
4 Interfood S.A.: Rapport de gestion Exercice 1975/1976, AKFD
5 Chocolat Tobler GmbH: Jahres- und Saisonpreise 1973/74, AKFD
6 SUTO-Press, Nr. 5 (1979). Der 70. Geburtstag der Toblerone wird nicht 1978 gefeiert, sondern 70 Jahre nach der Patentierung des Rezeptes.
7 SUTO Press, Nr. 5 (1979). Der Werbefilm wird auch in den Kinos gezeigt und erhält vom Art Directors Club Schweiz eine Auszeichnung.
8 Kontakt, Nr. 86 (1977/78), AKFD
9 Kontakt, Nr. 79 (1976), AKFD
10 Protokoll des Verwaltungsrates der AG Chocolat Tobler, 9.2.1972, AST
11 Protokoll des Verwaltungsrates der AG Chocolat Tobler, 9.2.1972, AST
12 Protokoll des Verwaltungsrates der AG Chocolat Tobler, 21.9.1972, AST
13 Protokoll des Verwaltungsrates der AG Chocolat Tobler, 16.5.1975 AST
14 Protokoll des Verwaltungsrates der AG Chocolat Tobler, 10.3.1976, AST
15 Protokoll des Verwaltungsrates der AG Chocolat Tobler, 11.11.1977, AST
16 Public Relations AG Chocolat Tobler: Die Geschichte der AG Chocolat Tobler, Bern 1979, S. 6
17 Freundliche Information von Markus H. Gerber, Direktor Export Division von 1991 bis 1993 und Direktor International World Travel Service (vormals Duty/Tax Free Division) 1994 bis 1998
18 Freundliche Information von Markus H. Gerber
19 Kontakt, Nr. 67 (1972): Rosinen aus den Geschäftsberichten von Tobler und Interfood, AKFD
20 AG Chocolat Tobler Bern: Generalversammlung vom 2.5.1972. Ergänzende Ausführungen zum Geschäftsbericht von Dr. C. B. Soldan (Generaldirektor), AST
21 Protokoll des Verwaltungsrates der AG Chocolat Tobler, 13.12.1972, AST. Als Grosskunden gelten Firmen mit einem Jahresumsatz von über 10 000 Franken.
22 Protokoll des Verwaltungsrates der AG Chocolat Tobler, 29.9.1971, AST
23 Kontakt, Nr. 88 (1978), AKFD
24 Kontakt, Nr. 88 (1978), AKFD
25 Suchard-Tobler AG: Merchandising, zum persönlichen Gebrauch, vertraulich, um 1983, AST
26 Interfood S.A.: Rapport de gestion Exercice 1970/1971, AKFD
27 Kontakt, Nr. 63 (1971), AKFD
28 Dokumentation zur Einführung der weissen Toblerone (o. J.), AST
29 Protokoll des Verwaltungsrates der AG Chocolat Tobler, 19.9.1973, AST
30 Protokoll des Verwaltungsrates der AG Chocolat Tobler, 10.12.1973, AST
31 Interfood S.A.: Rapport de gestion Exercice 1970/1971, AKFD
32 Kontakt, Nr. 63 (1971), AKFD
33 Protokoll des Verwaltungsrates der AG Chocolat Tobler, 30.11.1970, AST
34 Protokoll des Verwaltungsrates der AG Chocolat Tobler, 30.11.1970, AST
35 Beispiele aus den Protokollen des Verwaltungsrates der AG Chocolat Tobler 1971–1977, AST
36 Suchard-Tobler AG: PR-Aktivitäten Februar 1982, AST
37 Suchard-Tobler AG: PR-Bericht März 1982, AST
38 Suchard-Tobler AG: PR-Tätigkeitsbericht Mai 1982, AST
39 Jacobs Suchard: Jahres-Pressekonferenz vom 31. Mai 1983, Pressemappe, Referat von Klaus J. Jacobs, AKFD
40 Rendez-vous, Nr. 2 (1987), AST
41 Rendez-vous, Nr. 3 (1987), AKFD
42 Rendez-vous, Nr. 4 (1987), AKFD
43 Contact Schweiz, Nr. 1 (1990), AST
44 Geschäftsbericht 1988 Jacobs Suchard AG, AKFD
45 Jacobs Suchard Direction Setting Meeting, 28.9.1987, AKFD, und freundliche Information von Markus H. Gerber
46 Rendez-vous, Nr. 1 (1989) , AKFD
47 1982 umfasst das Toblerone-Sortiment folgende Produkte: Milch: 22 g, 50 g, 100 g, 400 g, wobei die ersten drei auch als Bündel à 6 Stück angeboten werden, nebst den Touristenpackungen (3 x 100 g, 3 x 400 g). Die weisse und die zartbittere Variante gibt es in den Gewichten 100 g und 400 g und als 6 x 100-g-Bündel.
48 Jacobs Suchard: Packaging and Product Introduction under Global Brands, Zürich, December 1989. Annex 5 zum Protokoll des Corporate Management Meetings 6/89, AKFD
49 «Der Bund» vom 19.8.1990
50 So wird die Toblerone 1997 beispielsweise in Litauen und der Tschechischen Republik neu eingeführt, nach Panorama Schweiz, Nr. 3 (1997), AKFD
51 Freundliche Information von Markus H. Gerber
52 Panorama Schweiz, Sommer 2003 AKFD
53 Panorama, Schweiz Nr. 2 (1999), AKFD
54 Freundliche Information von Victoria Navratil, Manager Manufacturing Business Development Kraft Foods Schweiz AG und vorher langjähriger Marketingmanager World Travel Retail Division (vormals Duty/Tax Free Division)
55 Contact Schweiz, Nr. 2 (1990), AKFD
56 Contact Schweiz, Nr. 3 (1992), AKFD
57 Aussen Milchschokolade, innen eine weisse Honig-Mandel-Nougatfüllung
58 Milchschokolade, weiss, dunkel, Praliné plus Milchversion mit Spitzen aus weisser Schokolade
59 Kraft Foods: Toblerone One by One – Naschen mit Freunden, Pressemitteilung vom 25.9.2006, AKFD
60 Panorama, Sommer 2006, AKFD

61 Kraft Foods Deutschland: Pressemappe Toblerone (2003), AKFD
62 Freundliche Information von Peter Glanzmann, Export Manager Export Division von 1987 bis 1993 und Area Manager World Travel Retail Division (vormals Duty/Tax Free Division) von 1994 bis 2003
63 Contact Schweiz, Nr. 1 (1989), AKFD
64 KJS International Duty Free Division: All about Toblerone in Duty free (o. J., ca. 1995), AKFD
65 Contact, Nr. 1 (1989), AKFD
66 KJS: Toblerone (o.J., ca. 1994), AKFD
67 World Travel Retail Division: Toblerone of Switzerland, Berlin Conference, 15./16. 11. 1999, AKFD, und freundliche Information von Victoria Navratil, Bern
68 KJS: Toblerone, AKFD
69 Panorama Schweiz, Nr. 2 (1995), AKFD
70 Panorama Schweiz, Nr. 3 (1996), AKFD
71 Toblerone Letter, July 2001, AKFD
72 Chocolat Tobler GmbH: Jahres- und Saisonpreise 1973/74, AKFD
73 Contact Schweiz, Nr. 4 (1992), AKFD
74 Contact Schweiz, Nr. 4 (1989) AKFD
75 Contact Schweiz, Nr. 4 (1991), und Nr. 1 (1992), AKFD
76 Contact Schweiz, Nr. 4 (1992), AKFD
77 Arnold Furtwaengler, Group Brand Manager bei Jacobs Suchard, in: «Werbewoche» vom 13. 11. 1992
78 Pascal Kreder: Die Süsse Nr. 1, in: Magazin der schweizerischen Gesellschaft für Marketing, August 2003
79 Contact Deutschland, Nr. 2 (1990), AKFD
80 Contact Schweiz, Nr. 4 (1990), AKFD
81 «Persönlich» vom 9. 11. 1990, AKFD
82 Der Kreativ-Pool bei Young & Rubicam definiert die Eigenschaften der Toblerone als «chunky, chewy, smoothly» (knackig, dann etwas gummiartig, schliesslich zartschmelzend).
83 «Werbewoche» vom 13. 11. 1992. Die Toblerone-Werbeagentur Young & Rubicam beauftragt mit dem Spot Len Fulford, der unter anderem den Videoclip «Black and White» für Michael Jackson gedreht hat.
84 Philip Morris: PM Globe, no. 6, vol. 5 (1993), AKFD
85 Philomela Kaetzke und Gerhard Moshövel: Product Life Cycle Management am Beispiel von Toblerone, in: Thexis Nr. 2 (2000), S. 50–53
86 Geneva Post vom 26. 4. 1995
87 Die Zeitschriften-Inserate enthalten zusätzliche Erklärungen: «Das Matterhorn und die Toblerone sehen sich nicht nur sehr ähnlich, sie sind auch beide sehr berühmt. Das ist kein Zufall: Das Matterhorn kennt jeder. Die Toblerone auch. Weil sie so charaktervoll auftritt und ebenso schmeckt. Falls Sie also einmal am Matterhorn vorbeikommen und an Toblerone denken (oder umgekehrt), ist das alles andere als zufällig.» NZZ-Folio, Nr. 10 (1998)
88 KFS: Toblerone Inspires the World. Pan European Airport Advertising in 1998 & 1999 (Flyer); WTRD: Toblerone of Switzerland, Berlin Conference, und freundliche Information von Victoria Navratil.
89 Kreder: Die Süsse Nr. 1
90 Ebd.
91 Freundliche Information von Pawel Lipski, Global Brand Manager Toblerone von 2003 bis 2005 und heute Director Decomplexity & Strategy Kraft Europe
92 Kraft Foods: Toblerone, Unlocking the Potential, Global Growth Strategy, AKFD
93 Kraft Foods: Pressemitteilung vom 30. 6. 2005. Für die Toblerone «What»-Plakatkampagne gewinnt Kraft Foods WTRD auf der «Tax Free World Exhibition» 2002 in Cannes den begehrten Frontier Award für die beste Marketing-Kampagne.
94 Kraft Foods: Unlocking the Potential, AKFD
95 Kraft Foods: The Global Powerhouse, AKFD
96 Kraft Foods: Unlocking the Potential, AKFD, und freundliche Information von Pawel Lipski
97 Freundliche Information von Natalie Rosenfeld, Customer Service Specialist der Kraft Foods Schweiz AG, Confectionery Plant in Bern-Brünnen
98 Toblerone Letter, August 2001, AKFD
99 Freundliche Information von Peter Glanzmann
100 Kraft Foods: Toblerone, New Global Campaign, 2005, AKFD

Die vernetzte Welt der Schokolade

Rohstoffe, Qualitätsbegriffe, Markenpiraten

Die Bergwelt der Alpen und der Genuss von Milch stehen für eine gesunde und natürliche Lebensweise. Die Schweizer Schokoladeindustrie macht sich diese Sinnbilder schon früh zunutze und setzt in der Werbung mit Vorliebe auf Kühe, Alpweiden und Chalets. Tobler preist die Toblerone 1908 als «Schweizer Milchschokolade» an, und eine Werbebroschüre aus den späten 1910er Jahren verweist auf den «schweizerischen Alpenhonig» in der «neuartigen» Schokolade.[1]» Ironischerweise steht der Aufstieg der Schweizer Schokolade um 1900 aber nicht für eine kleine, vorindustrielle Sennenwelt abseits des grossen Zeitgeschehens: Der Aufschwung der Branche ist nur dank der fortschreitenden Industrialisierung der Lebensmittelherstellung möglich, insbesondere den neuen Erkenntnissen zur Kondensierung der Milch und Herstellung von Milchpulver. Weitere zentrale Voraussetzungen sind der technische Fortschritt im Verkehrswesen und die zunehmende Globalisierung des Handels. 1914 schreibt Theodor Tobler, der Handel mit Kakaobohnen habe sich erst in der zweiten Hälfte des 19. Jahrhunderts zu entwickeln begonnen, als die «mehr und mehr verbesserten, gewaltig vermehrten und verbilligten Verkehrsmittel einsetzten».[2] Als Folge hätten um 1870 die «Anpflanzung von eigentlichen Kakaoplantagen und die grosszügige Bewirtschaftung derselben» begonnen. «Die vermehrte Anpflanzung brachte dann Hand in Hand mit den Verkehrsmitteln die Verbilligung der Kakaobohnen, und der verbilligte Preis derselben war also der erste Anstoss zum Aufbau der Chocoladen-Industrie.»

Woher genau der 1908 für die Toblerone verwendete Kakao stammt, lässt sich heute nicht mehr ermitteln. Der Geschäftsbericht von 1909 bezeich-

Tobler wirbt früh mit hohem Qualitätsanspruch und verweist auf Milchanteil und Vitamine

TOBLERONE
Die vitaminreiche
Schweizer Milch-Chocolade
mit Honig und Mandeln
Aus reinstem Edelcacao hergestellt
Berühmt durch ihre unerreichte Güte
Die beste Zwischenmahlzeit
während der Arbeit
TOBLER ist Qualität
TOBLERONE
CHOCOLAT AU LAIT SUISSE
(AUX AMANDES & MIEL)
LE PREMIER BREVETÉ N° 46708
N° 920
T O B
Nur noch 60 Cts. das 100 Gr. Etui

Erstaunliche Natur: Der Kakaobaum trägt Früchte und Blüten zur selben Zeit. Die Pflanze wird in verschiedene Grundtypen eingeteilt. Die Angoleta weist eine längliche Frucht mit starken Furchen auf

net in einem anderen Zusammenhang den Kakao aus São Tomé (Westafrika), Bahia (Brasilien), Arriba (Ecuador), Trinidad und Grenada (Karibik) als die «gebräuchlichsten Sorten».[3] Bis Ende des 19. Jahrhunderts verwendet die Schweizer Schokoladeindustrie für ihre Produkte zum grössten Teil Edelkakao aus Brasilien und Zentralamerika, der vom «Criollo-Baum» stammt.[4] Aber 1908 – im Jahr der Lancierung der Toblerone – beträgt der Anteil des Edelkakaos am schweizerischen Import nur noch 48 Prozent. Seit 1895 wird in Afrika verstärkt der billigere «Forastero» angebaut, denn die Nachfrage nach günstigem Kakao steigt: Die Schokoladeindustrie stellt zunehmend Massenware her, um breitere Bevölkerungskreise zu erreichen. Besonders während des Ersten Weltkrieges gewinnt Afrika als Kakaoexporteur von Konsumkakao rasch an Bedeutung. Auch in Süd- und Mittelamerika wird seit 1900 immer mehr Forastero-Kakao angebaut.

Mit dem Vormarsch des Forastero verändert sich die Qualität des Kakaos. Aber die Schokolade wird deswegen nicht schlechter. «Die Verwendung von billigem Konsumkakao vereinfachte langfristig auch die Herstellung von reinen (nicht gestreckten) Schokoladen, und insbesondere die zunehmende Konkurrenz, die Verbesserung der Verarbeitungstechnik und die weitere Rationalisierung der Betriebe führten nicht nur zu billigeren, sondern auch besseren Produkten», schreibt der Genussmittelhistoriker Roman Rossfeld.

Zudem hat die Qualität des Kakaos viele Facetten, und für ein bestimmtes Produkt werden in der Regel mehrere Sorten gemischt, wie Theodor Tobler 1914 erläutert: «Die besten Kakaos werden von Venezuela und Ecuador geliefert. Doch bietet die Qualität eines jeden Bezugsgebietes den Chocolade-Fabrikanten gewisse Vorzüge, die eine die gesuchte Farbe, die andere den gewünschten Geschmack, die dritte den schätzbaren Fettgehalt, die vierte das eigentliche Aroma etc., so dass für die Chocoladen-Zubereitung fast immer zwei bis drei und oft noch mehr weitere Sorten, in einem sorgfältig ausgeprobten Mischungsverhältnis, verwendet werden.» Zudem gebe es «unter den einzelnen Bezugsgebieten selbst wieder ganz bedeutende Qualitätsunterschiede».[5]

Heute beträgt der Criollo-Anteil an der Welternte nur noch zwischen fünf und zehn Prozent, denn der Baum ist anfällig für Krankheiten und Schäd-

Linke Seite: «Aus reinstem Edelkakao»: Tobler schummelt, denn die Toblerone enthält zu Beginn auch billigere Sorten, Anzeige von 1928

Kakaoarbeiter legen Bohnen zum Trocknen an der Sonne aus, Elfenbeinküste

lingsbefall und ermöglicht nur geringe Ernteerträge.[6] Der Hauptteil von etwa 80 Prozent stammt aus dem etwas bittereren Forastero-Kakao und seinen zahlreichen Varietäten. Der weltweit grösste Kakaolieferant ist die Elfenbeinküste, gefolgt von Ghana. Zum Kreis der führenden kakaoexportierenden Staaten gehören ferner Brasilien, Malaysia und Indonesien.

Zusammen mit deutschen Schokoladeproduzenten gründen Tobler, Suchard und Lucerna 1907

Mit Macheten und Bananenblättern

Die Kakaobäume wachsen an feuchten, schattigen Stellen im Unterholz von Regenwäldern bei einer mittleren Jahrestemperatur von 24° bis 28° Celsius.[7] Sie tragen das ganze Jahr hindurch sowohl Blüten als auch unreife und reife Früchte. Die bis 25 Zentimeter langen und bis zehn Zentimeter breiten Früchte enthalten rund 30 bis 40 Samenkerne, die Kakaobohnen. Geerntet wird in vielen Anbaugebieten zweimal jährlich: nach Ende der Regenzeit im Oktober/November und zu Beginn der Hauptregenzeit im Frühling. Kakaoarbeiter schneiden die Früchte mit Macheten und an langen Stangen befestigten Messern vorsichtig vom Baum, damit die Blüten keinen Schaden nehmen. Anschliessend öffnen sie die Früchte durch einen gezielten Hieb mit dem Buschmesser, dann werden die Kakaobohnen samt Fruchtmus aus der Schale gekratzt, zur Fermentierung (Gärung) am Boden oder in einem Korb angehäuft und mit Bananenblättern bedeckt. Die Methode mit den Bananenblättern ist vor allem in Westafrika verbreitet, während in Amerika die Bohnen in Tröge mit luftdurchlässigem Boden gefüllt werden. Die Gärung – sie dauert fünf bis sieben Tage – ist ein entscheidender Vorgang, weil sie den bitteren Geschmack mildert und die Aromastoffe zur Entfaltung bringt, die sich beim späteren Trocknen und Rösten in das eigentliche Kakaoaroma verwandeln. Getrocknet werden die Kakaobohnen während rund zehn Tagen direkt an der Sonne oder – seltener – in künstlich erzeugter Wärme. Denn nur mit verringertem Feuchtigkeitsgrad sind die Bohnen ohne Qualitätsverlust lagerbar. Abgefüllt in Jutesäcke, werden sie anschliessend in die Verbraucherländer verschifft.

Geerntet wird zweimal im Jahr jeweils nach der Regenzeit

die Hamburger «Kakao-Einkaufs-Gesellschaft». Gemeinsam können sie den Kakao billiger beschaffen und zudem den Zwischenhandel leichter umgehen.[8] 1914 eröffnet die Gesellschaft an der britischen Goldküste in Westafrika (heute Ghana) eine Niederlassung, die aber nach Kriegsausbruch von den Briten aufgehoben wird. 1920 entschliesst sich Tobler, «in diesem beispiellos

Arbeiter schneiden die Früchte vom Baum und öffnen sie anschliessend mit einer Machete

TOBLERONE
Die vitaminreiche
Schweizer Milch-Chocolade
mit Honig und Mandeln
Hergestellt mit reinem Alpenhonig und
den köstlichsten Mandeln.
Von feinstem Wohlgeschmack und sehr
zuträglich für Gesunde und Kranke.
Die beste Zwischenmahlzeit
während der Arbeit
TOBLER ist Qualität
Nur noch 60 Cts. das 100-Gramm-Etuis
TOBLERONE
CHOCOLAT AU LAIT SUISSE
AUX AMANDES & MIEL

aufstrebenden Kakaolande» eine eigene Niederlassung zu gründen, «in welcher ein Beamter unseres Hauses die Auswahl und den Einkauf der Kakaobohnen besorgt».[9] Neben dem Preisvorteil durch den Direkteinkauf spielt offenbar auch die Qualität eine Rolle: Der Fabrikant wähle seine Rohware «mit grösserer Sorgfalt» aus als der Händler. Stationiert ist der Tobler-Mann in Coomassie, der Endstation der Eisenbahn im Landesinnern, um von hier aus den Kakao einzukaufen. Um das Verladen der Ware an Bord zu überwachen, hat die Firma auch in der Hafenstadt Secondee ein Büro eingerichtet.

Einheimische Arbeiter tragen die Kakaosäcke vom Strand durchs Wasser zu kleinen Booten, die ihre Fracht zu einem Dampfschiff bringen, das weit draussen ankert. Wegen des Seegangs und des seichten Wassers kann das Schiff nicht in den Hafen hineinfahren, wie der Tobler-Angestellte in der Firmenzeitschrift berichtet. Sein reich bebilderter Artikel über die Beschaffung und Verschiffung des Kakaos ist zugleich ein Dokument, das die Machtverhältnisse und das weisse Selbstverständnis in der Ära des Kolonialismus spiegelt: «Sehr lehrreich sind auch jene Bilder, welche uns zeigen, wie der Neger unter europäischer Leitung Bauten ausführt und im Urwald mächtige Baumriesen fällt und spaltet.»

Schwieriger Kampf um stabile Preise

Als späte Folge der Entkolonialisierung wollen die afrikanischen Staaten in den 1970er Jahren nicht länger nur das Rohmaterial liefern. «Je länger je mehr müssen die Schokoladefabrikanten dazu übergehen, die Kakaomasse, ein Halbfabrikat, welches sie bis anhin selber fabrizierten, ab Ursprung zu verwenden.»[10] Denn jene Länder, in welchen der Kakao angebaut wird, «wollen ihre Einkünfte nicht nur aus dem Export der Rohstoffe, sondern auch über die Verarbeitung erzielen». Doch die von den Kakaolieferanten in Eigenregie hergestellte Schokolademasse bleibt eine Episode in der Geschichte des Kakaos und scheitert als Emanzipationsversuch nicht zuletzt an den Bürgerkriegen.

Industrielle Grossverbraucher wie Kraft Foods kaufen den Kakao nicht mehr direkt im Ursprungsland, sondern decken sich bei spezialisierten Handelshäusern ein. In den Ursprungsländern des Kakaos liegen der Ankauf und Export des Kakaos

In der frühen Toblerone-Werbung spielt die Biene eine wichtige Rolle. Motiv von 1917

Linke Seite: «Für Gesunde und Kranke»: Toblerone wird mit Verweis auf den «Alpenhonig» auch als Heilmittel angepriesen. Anzeige von 1928

Schweizer Kühe und mexikanische Bienen

Für die Toblerone-Produktion des Jahres 2007 hat die Fabrik in Bern 4700 Tonnen Kakao aus Ghana und 650 Tonnen aus Ecuador bezogen.[11] Die Bohnen aus Afrika kommen von Accra per Schiff nach Amsterdam, Hamburg oder Antwerpen, und von da bringen spezielle Wagen der Schweizerischen Bundesbahnen die Ware in Containern nach Bern. Die traditionsreichen Mahl- und Presswerke Hollands liefern den grössten Teil der rund 5000 Tonnen Kakaobutter. Die rund 16 000 Tonnen Zucker stammen von Schweizer Zuckerrüben, grösstenteils verarbeitet von der Zuckerfabrik Aarberg im Kanton Bern. Die Hochdorf Swiss Milk AG in der Zentralschweiz hat die rund 5000 Tonnen Milchpulver beigesteuert, während die zirka 600 Tonnen Mandeln aus Kalifornien und Spanien kommen. Die über 1000 Tonnen Honig-Glukose-Gemisch verdanken ihr Aroma dem Dzidzilche-Honig von der mexikanischen Halbinsel Yucatán.

die zinsgünstigen Darlehen an Kakaopflanzer. Trotz dieser Bemühungen ist der Weltkakaomarkt bis heute sehr unstabil geblieben. Die zunehmende Überproduktion hat zahlreiche internationale Abkommen für Preisstabilität und gesicherte Einkommen weitgehend wirkungslos gemacht, auch deshalb, weil grosse Produzenten und Verbraucherländer die Teilnahme verweigern.

Auch beim Zucker ist die Schweizer Schokoladeindustrie seit Jahrzehnten vom Ausland abhängig. Bis in die 1960er Jahre stellt die schweizerische Rübenzuckerindustrie keine ausreichenden Mengen her. Anders sieht es im Milchland Schweiz

Honigwabe und Dzidzilche-Busch: Heute stammt der Honig in der Toblerone aus Yucatán in Mexiko

meist in Händen staatlicher Organisationen. Sie haben die Aufgabe, die Einkommen der Pflanzer zu stabilisieren, und setzen dazu jährliche Abnahmepreise fest. Mit den Zwischenhändlern an den Kakaobörsen schliessen die Organisationen Kaufverträge ab und erstellen die Infrastruktur für Ankauf, Transport, Lagerung und Kontrolle des Kakaos. Der Erlös dient zur Preisstützung und für

bei der Milch aus. 1906 beteiligt sich Tobler an einer Milchsiederei in Glockenthal bei Thun, doch der Schokoladeboom im Ersten Weltkrieg, der massgeblich auf die grosse Nachfrage ausländischer Armeen zurückzuführen ist, lässt vorübergehend auch die Milch knapp werden, und Tobler muss nun auch um den weissen Rohstoff kämpfen. Eine bisherige Lieferantin, die Berna Milk Co.

in Thun, ist plötzlich eine «Kontrahentin», die den «mit ihr abgeschlossenen Milchlieferungsvertrag unbeachtet» lässt und lieber «den lukrativen Exporten nach den kriegsführenden Staaten und vorab nach den Zentralmächten» nachgeht.[12] Tobler wird beim Bundesrat vorstellig, um dieser «hohen Behörde auseinanderzusetzen, dass wir notgedrungen die Schliessung unserer Berner Fabrikanlage anordnen müssten, wenn sie es nicht für angezeigt hielte, einstweilen bei der Berna Milk Co. und eventuell bei anderen schweizerischen Etablissementen Massnahmen zur Fortführung der nötigen Lieferung von Tro-

ckenmilch an uns zu treffen». Um künftig solche Situationen zu vermeiden, schlägt Tobler dem Verwaltungsrat vor, «dass wir uns für die Lieferung dieses wichtigen Rohmaterials von jeder Abhängigkeit gegenüber einem anderen Fabrikationsunternehmen dieser Art emanzipieren und zur Selbstfabrikation schreiten». 1916 nimmt eine firmeneigene Milchsiederei im voralpinen Schwarzenburg bei Bern den Betrieb auf. Sie wird die Tobler-Fabrik jahrzehntelang mit Milchpulver versorgen.

Favoritone, Costarone und wie sie alle heissen

Schon um 1900 geniesst die Schweizer Schokolade einen international guten Ruf. Der Erfolg lockt früh Trittbrettfahrer an, welche die Schweizer Produkte imitieren und ebenso in der Vermarktung auf schweizerische Symbole zurückgreifen.[13] Auch die 1908 lancierte Toblerone, die im Lauf der Zeit zur berühmtesten Schweizer Schokolade im In- und Ausland wird, ruft schon bald weltweit Nachahmer auf den Plan. Variantenreich versuchen sie von Ruf und Image der Toblerone zu profitieren, um den Absatz ihres eigenen Produkts zu erhöhen. Dabei benutzen sie nur selten direkt den Namen Toblerone, denn dies wäre in den meisten Ländern eine leicht zu ahndende Markenverletzung. Lieber kreieren die Nachahmer ähnlich klingende Namen wie Costarone und Salvirone, Ulituron und Tamborine, verwenden eine dreieckige Form, ähnliche oder identische Schrift und Farben. In jedem Fall sollen die Nachahmungen mit dem Original möglichst verwechselbar sein, um den Konsumenten zu täuschen. Schon in den 1920er Jahren bringt zum Beispiel in Portugal eine Firma die dreieckige Favoritone auf den Markt: Das Produkt aus «Chocolate, Mel, Leite e Amendoa» steckt in einer crèmefarbigen Verpackung mit rotem Schriftzug und trägt sogar eine Katalognummer wie das schweizerische Vorbild, nur in anderer Reihenfolge: 192 statt 921. Zumindest am Anfang sind Toblerone-Nachahmungen nicht ausschliesslich eine Spezialität des Auslands und kommen zudem auch in Form von Werbebotschaften vor: Ein Schweizer Konkurrent bringt Anfang der 1920er Jahre unter dem Namen Chocmel eine Milchschokolade mit Mandeln und Honig auf den Markt und

Nach dem Röstprozess werden die gebrochenen Bohnen gesiebt, Bild aus der Berner Fabrik

AKTIENGESELLSCHAFT CHOCOLAT TOBLER 1909

SCHWEIZERISCHE EIDGENOSSENSCHAFT

EIDGEN. AMT FÜR GEISTIGES EIGENTUM

PATENTSCHRIFT

Nr. 46708 29. März 1909, 5 Uhr p. (gültig 15 J. bis 29/3. 1924) **Klasse 34 d**

HAUPTPATENT (nachher auch noch Markenschutz (ev. auch Etui Schutz))

BERNER CHOCOLADE-FABRIK TOBLER & Co. A. G., Bern (Schweiz).

Verfahren zur Herstellung einer neuartigen Schokolade. (Toblerone)

Gegenstand der vorliegenden Erfindung ist ein Verfahren zur Herstellung einer neuartigen Schokolade, gemäß welchem Schokolademasse mit einer Einlage versetzt wird, die aus einem gekochten Gemenge von Fruchtkern mit Honig, Glukose, Zucker und Eiweiß besteht. Als Fruchtkern können z. B. Mandeln oder Haselnüsse zugegeben sein.

Das Verfahren wird z. B. in der Weise ausgeführt, daß man Mandeln mit Honig, Glukose und Zucker innig mischt und dann das Ganze kocht. Das Eiweiß wird dann zu Schnee geschlagen und der kochenden Masse beigefügt. Man fährt mit dem Kochen fort, bis alles in den rohen Mandeln enthaltene Wasser aus dem Gemenge vertrieben ist. Letzteres wird dann gerollt, gekühlt und zermalmt. Die so erhaltene Masse setzt man dann in gewünschter Proportion zu Schokolademasse, deren Herstellung so weit gediehen ist, daß die Einlage kurz vor dem Einformen beigegeben werden kann. Man kann die Einlage jeder Art von Schokolade zusetzen, sowohl einer gewöhnlichen, aus Kakao und Zucker bestehenden, als auch einer aus Kakao, Zucker, Kakaobutter mit oder ohne Zusatz von geriebenen Nüssen und dergl. hergestellten Fondant-Schokolade, oder auch einer Milchschokolade zusetzen.

So zubereitete Schokolade gewinnt durch ihren geringen Wassergehalt an Haltbarkeit und durch den Zusatz von gekochtem Zucker, Honig, Glukose und Eiweiß einen eigentümlichen feinen Geschmack, der durch kalte Mischung dieser Materialien nicht erzielt werden kann.

PATENTANSPRUCH:

Verfahren zur Herstellung einer neuartigen Schokolade, dadurch gekennzeichnet, daß man Schokolademasse mit einer Einlage versetzt, die aus einem gekochten Gemenge von Fruchtkern, Honig, Glukose, Zucker und Eiweiß besteht.

BERNER CHOCOLADE-FABRIK
TOBLER & Co. A. G.

Vertreter: NAEGELI & Co., Bern.

Dreiste Nachahmer: Ein portugiesisches Beispiel aus den frühen 1920er Jahren

Linke Seite:
Patent von 1909, welches das «Verfahren zur Herstellung einer neuartigen Schokolade» (Toblerone) schützt

«Tobler ist Qualität»: Offensive Pflege des Qualitätsimages, Anzeige von 1929

preist das Produkt kurzerhand mit dem Slogan «Ähnlich wie Toblerone» an.[14] Tobler reagiert via Firmenzeitschrift mit einem dringlichen Aufruf an die Detaillisten: «Nachahmungen, die immer minderwertig sind, an Stelle von Qualitätswaren von stets gleich bleibender Güte zu verkaufen, ist unmoralisch. Also: Toblerone: ja! – Nachahmungen: nein!»

Um das Original vor Nachahmungen schützen zu können, lässt Tobler den Namen Toblerone 1909 als Marke eintragen und im selben Jahr den Herstellungsprozess für die erste Milchschokolade mit Mandeln und Honig patentieren. 1948 werden auch das Design der Schokolade und ihrer Verpackung geschützt, nicht aber deren dreidimensionale Form, denn dafür ist das Markenschutzgesetz noch nicht ausgelegt. Erst in den 1990er Jahren geniessen auch die Form der Toblerone sowie die Verpackung, das unverwechselbare Erkennungszeichen dieser Schokolade, umfassenden Markenschutz weltweit in zahlreichen Ländern.

Von Imitationen erfährt das Unternehmen nicht zuletzt dank den vielen Toblerone-Fans, die auf Reisen auf Nachahmungen und Fälschungen stossen und ihre Entdeckungen in die Schweiz melden.[15] Häufig reicht es, wenn die Rechtsabteilung die Nachahmer auffordert, ihr Produkt vom Markt zu ziehen, denn vor allem kleinere Firmen fürchten sich vor kostspieligen Auseinandersetzungen vor Gericht. So auch der kleine polnische Konfiseur, der in den 1980er Jahren unter dem Namen «Nugatblock» ein dreieckiges Kakaoprodukt verkauft und dessen Verpackung und Schriftzug stark an die Toblerone erinnern. Manchmal braucht es aber eine Klageandrohung, um einen Nachahmer zum Rückzug zu bewegen, und von Zeit zu Zeit kommt es zum Prozess. Am häufigsten nachgeahmt wird heute die Toblerone in Asien,

aber auch in der Türkei und den Staaten des ehemaligen Jugoslawiens müssen sich die Juristen von Kraft Foods regelmässig mit Nachahmern auseinandersetzen.

Wichtiger Richterspruch aus London

Manche Nachahmer kopieren nicht direkt eine bestimmte Schweizer Schokolademarke, sondern wollen einfach den Eindruck von «Swissness» erwecken. Dabei verwenden sie Bezeichnungen wie «Swiss Chocolate», «Swiss», «Swiss Girl», «Swiss Style» oder «Swizz», zeigen das Matterhorn oder schmücken sich mit Hinweisen auf berühmte Schweizer Ferienorte. Der Verband schweizerischer Schokoladefabrikanten (Chocosuisse) ist in den letzten drei Jahrzehnten in mehreren Hundert solcher Fälle aktiv geworden, früher vor allem in Europa, heute häufiger in Asien und Südamerika. Die Lobby der Schweizer Schokoladeindustrie betrachtet das «Qualitätsimage» der Schweizer Schokolade und «den damit verbundenen Goodwill» als «schützenswertes Kapital».[16] Auch Chocosuisse beschreitet nur selten den Rechtsweg und setzt meist auf schriftliche und mündliche Interventionen. Zwar gibt es mehrere internationale Abkommen zum Schutz von Herkunftsangaben, doch diese Abkommen sind nicht von allen Staaten unterzeichnet und in der Praxis häufig nur schwer durchsetzbar. Den internationalen Schutz von Herkunftsangaben verbessert haben Bestimmungen im TRIPS-Vertrag (= Agreement on Trade-Related Aspects of Intellectual Property Rights) der Welthandelsorganisation WTO. Als wirksam gelten die bilateralen Verträge, welche die Schweiz mit mehreren europäischen Staaten zum Schutz von Herkunftsbezeichnungen abgeschlossen hat.

1997 wollen es Chocosuisse, Kraft Jacobs Suchard und Lindt & Sprüngli wissen: Sie reichen am Londoner High Court of Justice, Grossbritanniens höchstem Gericht, gemeinsam Klage gegen den grössten britischen Süsswaren- und Getränkehersteller Cadbury Schweppes ein.[17] Dieser hat 1994 eine Schokolade unter dem Namen «Swiss Chalet» auf den Markt gebracht, mit dem dominanten Wort «Swiss» und einem Bild des Matterhorns auf der Vorderseite der Verpackung. Kraft Jacobs Suchard weist zudem darauf hin, dass die Verpackung wegen des roten, schattenwerfenden Schriftzugs auf gelbem Hintergrund an die Toblerone erinnere. Die Kläger sehen somit in Cadbury's «Swiss Chalet» einen «eindeutigen Fall von Ruf-Ausbeutung», den sie angesichts der wirtschaftlichen Bedeutung des englischen Marktes nicht kampflos hinnehmen wollen.

Vor dem Gericht in London fechten die Schweizer Kläger mit einer Umfrage, wonach 20 Prozent der befragten Verbraucher glauben, mit Cadbury's «Swiss Chalet» ein Schweizer Produkt zu kaufen. Die Umfrage bestätigt auch, dass viele Konsumenten Schweizer Schokolade für etwas Besonderes halten und sie mit hoher Qualität verbinden. Cadbury will mit eigenen Umfragen das Gegenteil beweisen, nämlich dass Schweizer Schokolade keinen besonderen Ruf geniesse und der Durchschnittskonsument die Bezeichnung «Swiss Chalet» nicht als Herkunftsbezeichnung wahrnehme. Am Schluss fällt das Gericht ein Urteil, dem Chocosuisse fortan eine «wegweisende strategische Bedeutung» beimessen wird, denn der Richterspruch aus London lautet: Schweizer Schokolade geniesst in Grossbritannien einen

CHOCOSUISSE

Logo des Dachverbandes der Schweizer Schokoladehersteller

Schweizer Schokokolade geniesst einen besonderen Ruf – die Verpackungen betonen mit Schweiz-Symbolen die Herkunft

besonderen Ruf, womit ein schützenswerter «Goodwill» gegeben ist. Ein nicht unerheblicher Teil des Publikums wird dem Gericht zufolge durch «Swiss Chalet» getäuscht, und die Schweizer Schokoladeindustrie erleidet dadurch einen Schaden.[18] Chocosuisse ist überzeugt davon, dass dieses Gerichtsurteil nicht nur in Grossbritannien, sondern auch im übrigen Ausland nützlich sein werde: «Die Argumentation bei der Missbrauchsbekämpfung wird durch das sorgfältig recherchierte und gut begründete Urteil einfacher und überzeugender.»

Fakten und Mythen

Bei genauem Hinsehen ist der Begriff Schweizer Schokolade aber reichlich unscharf. Die drei grossen «Schweizer» Schokoladehersteller Nestlé, Suchard-Tobler und Lindt & Sprüngli sind längst multinational tätige Unternehmen mit Holdingstruktur, wobei die ursprünglichen Schweizer Stammhäuser – wenn überhaupt – nur noch einen kleinen Teil zum Gesamtumsatz beitragen.[19] Ein Grossteil der vertriebenen Produkte wird nicht mehr in der Schweiz hergestellt und darf deshalb

Milchsiederei in Schwarzenburg bei Bern: Von hier bezieht Chocolat Tobler während Jahrzehnten den weissen Rohstoff

Rechte Seite: Was ist überhaupt Toblerone? Mit einer eigenwilligen Kreation verärgert die deutsche Tochterfirma das Berner Mutterhaus, Anzeige von 1974

nicht als «Swiss made» bezeichnet werden. 1995 beträgt der Anteil der in der Schweiz produzierten Schokolade nur 3,9 Prozent der gesamteuropäischen Produktion. Im Fall der Toblerone stellt ein internationaler Konzern mit einem Betrieb in der Schweiz ein «Swiss made»-Produkt her.

Bis zur Konzentration der Toblerone-Produktion in Bern im Jahr 1991 ist zudem Toblerone nicht gleich Toblerone. 1979 wird die Schokolade in 13 Fabriken auf der ganzen Welt hergestellt, was zu kleinen Unterschieden im Geschmack führt. Grund sind unterschiedliche Rohstoffe und Technologien. Die Produktionsstätten in Frankreich und Grossbritannien etwa benutzen vor allem Kakaosorten, die aus ihren früheren Kolonialgebieten stammen.[20] Zudem verwenden die ausländischen Toblerone-Hersteller keine Schweizer Milch, weil der Import zu kostspielig wäre. Die unterschiedliche Milchqualität gilt in den 1980er Jahren als Hauptgrund für die «Geschmacksvariationen». Allerdings handelt es sich bei den Unterschieden in der Milch nur um Nuancen, wie die Mitarbeiterzeitschrift damals festhält. Augenzwinkernd wird auf den «Nationalstolz» der Schweizer hingewiesen, der offenbar direkt angesprochen sei, wenn die Frage der Qualität der Schweizer Schokolade zur Diskussion stehe.

In den frühen 1970er Jahren bringt Tobler Stuttgart gar eine Toblerone auf den Markt, die «rezeptmässig in keiner Weise der Toblerone entspricht».[21] Die hellgrün verpackte Schokolade mit Haselnüssen und Krokant löst jenseits der Grenze erheblichen Ärger aus: «Die Ansichten von Bern und Stuttgart unterscheiden sich darin, dass Bern unter einer Toblerone einen Schokoladeriegel mit Mandeln und Honig versteht, währenddem Stuttgart den Begriff Toblerone lediglich auf die Form bezieht.» Das Berner Stammhaus erwägt ein Verbot, verzichtet dann aber darauf – aufgrund der «Verkaufserfolge» der deutschen Neuheit.

Geht es um Schokolade, geraten in der Schweiz unweigerlich auch Emotionen ins Spiel. Das zeigt sich 1995, als die Schweizer Regierung einen Entscheid der Europäischen Union vorwegnimmt und eine neue Bestimmung in Kraft setzt, wonach der Schokolade künftig zusätzlich zur Kakaobutter bis zu fünf Prozent andere Pflanzenfette beigemischt werden dürfen. In den Medien löst der Beschluss einen Wirbel aus, und Konsumentenschutzorganisationen sammeln innert kurzer Zeit 100 000 Unterschriften «für die Erhaltung der Schweizer Schokoladequalität».[22] Die Vertreter der Schokoladeindustrie versuchen die Gemüter mit dem Hinweis zu beruhigen, dass die Mindestgehalte an Kakaobestandteilen und an Kakaobutter für alle Schokoladesorten unverändert bleiben.[23] Ohnehin könne der Produktionsstandort Schweiz für Schokolade nur mit Qualitätspflege bestehen, weshalb von der Beigabe hochwertiger und entsprechend teurer Pflanzenfette nur sehr begrenzt und zur Entwicklung neuartiger – zum Beispiel hitzebeständiger – Produkte Gebrauch gemacht werde. Ausländische Stimmen nutzen die schweizerische Aufregung, um ihre Einschätzung zu wiederholen, andere Länder, wie etwa Belgien, produzierten mindestens ebenso

Beiß mich, ich bin die Neue.
TOBLERONE
ALPENMILCH-SCHOKOLADE MIT HASELNÜSSEN
Nach Originalrezept, Verfahrensvorschriften und unter ständiger Kontrolle
hergestellt von Chocolat Tobler GmbH Stuttgart
mit üssen Krokant
Mit knackigen Haselnüssen und knusprigem Krokant in feiner Alpenmilch-Schokolade.
Jetzt gibt es zwei Toblerone.
Die neue, grüne Nuß-Krokant. Neben der bekannten Honig-Mandel.
NEU mit Haselnüssen und Krokant
TOBLERONE
ALPENMILCH-SCHOKOLADE MIT HONIG UND MANDELN
Tobler Spezialitäten nach Schweizer Rezepten

Toblerone 1983
75 Jahre Garant für Qualität und Umsatz
TOBLER
ONE
ALPEN-VOLLMILCH SCHOKOLADE MIT
Nach Originalrezept hergestellt von Chocolat Tobler GmbH D7000 Stutt
UND MANDEL-TORRONE
unter Kontrolle des Schweizer Stammhauses
Allein in den letzten drei Jahren:
• Steigerung des Absatzes um 77%
• 61% mehr Käufer von Toblerone
• Steigerung der Abverkäufe pro führendem Geschäft um 47%
(Quelle: führende Mafo-Institute)
Tobler: Spezialitäten nach Rezepten unseres Schweizer Stammhauses.

gute oder vielleicht sogar bessere Schokolade als die Schweizer. Der Pariser Gastropapst Jean-Pierre Coffe erklärt zum Beispiel, der viel gepriesene Ruf der Schweizer Schokolade sei masslos übertrieben.[24]

Eine neue Gefühlsaufwallung setzt 1997 ganz direkt dem Ruf der Toblerone zu: Wie bei vielen Lebensmittelherstellern werden auch bei Toblerone Spuren von Gentech-Soja (Lecithin) entdeckt. 500 Tonnen Schokolade werden in einer Aufsehen erregenden Aktion aus dem Handel zurückgezogen.[25]

Die Geschmäcker sind verschieden, individuell und von Land zu Land. Es gibt keine weltweit anerkannten Vorstellungen, wie eine gute Schokolade schmecken muss. Auch Toblerone mögen nicht alle, obwohl sie die berühmteste Schweizer Schokolade ist. Selbst wenn viel von der Qualität der Schweizer Schokolade die Rede ist: Qualität ist letztlich ein variantenreich definierbarer Begriff. Zudem spielt das Image eine wichtige Rolle. Als Chocolat Tobler ab 1954 in Stuttgart Schokolade herstellt, heisst es vielerorts, die «deutsche Qualität» der Toblerone sei mit der schweizerischen nicht vergleichbar.[26] Allein, die scharfzüngigen Verkoster haben sich verschmeckt: Die «deutsche» Toblerone stammt noch jahrelang aus Bern, die Toblerone-Produktion in Stuttgart beginnt erst 1968. Qualitätsunterschiede können also auch eingebildet sein.

Linke Seite:
Qualität kann auch eingebildet sein: Viele Jahre stammt die deutsche Toblerone aus Bern – und trotzdem klagen Konsumenten über Qualitätsunterschiede

1 Chocolat Tobler: Wie die Chocolade entsteht. Einführungsbuch zu den Tobler-Reklamemarken-Katalogen, Laupen bei Bern, vor 1920, S. 24, Staatsarchiv des Kantons Neuenburg (Archiv Suchard Tobler), AST
2 Theodor Tobler: Kakao, Chocolade und Schweizerische Chocolade-Industrie, auszugsweise Wiedergabe eines Vortrages, gehalten den 27. März 1914 im Schosse des Bernischen Vereins für Handel und Industrie, Bern 1914, S. 14–15
3 Bericht des Verwaltungsrates der Berner Chocolade-Fabrik Tobler & Co. AG an die VI. Generalversammlung vom 26.4.1909, AST
4 Nach Roman Rossfeld: Schweizer Schokolade. Industrielle Produktion und kulturelle Konstruktion eines nationalen Symbols 1860–1920, Baden 2007, S. 289–290
5 Tobler: Kakao, S. 13–14
6 Albert Pfiffner: Kakao, in: Thomas Hengartner, Christoph Merki (Hg.): Genussmittel. Ein kulturgeschichtliches Handbuch, Frankfurt/New York 1999, S. 121
7 Die Ausführungen zur Ernte, Fermentierung und Trocknung des Kakaos nach Pfiffner: Kakao, S. 117–140
8 Rossfeld: Schokolade, S. 336
9 Jurnalo Tobler, Nr. 4 (1921), S. 2, AST
10 SUTO-Press, Nr. 1 (1979), S. 5, Company Archive Kraft Foods Deutschland, Bremen, AKFD
11 Nach Kraft Foods Commodity Group Procurement KFI, o.J.
12 Protokoll des Verwaltungsrats der Chocolat Tobler AG vom 30.12.1915, AST
13 Ausführlicher dazu siehe Roman Rossfeld: Schokolade, S. 198 f.
14 Das Beispiel ist erwähnt in Patrick Feuz, Andreas Tobler: Schoggibaron. Das bittersüsse Leben Theodor Toblers (1876 bis 1941), Bern 1996, S. 16
15 Markenpiraten, Amateure und Profis, in: Contact Schweiz, Nr. 2 (1988), AKFD
16 Chocosuisse-Sekretär Kurt Hunzinger: Mehr Schutz für Schweizer Schokolade, in: Neue Zürcher Zeitung vom 3.8.1999
17 Die Details zum Prozessverlauf nach Hunzinger
18 Das 1997 vom High Court of Justice gefällte Urteil wird 1999 vom Appellationsgericht bestätigt.
19 Ausführlicher dazu Rossfeld, Schokolade, S. 13–17
20 Schweizer Schokolade im Ausland – ein minderwertiges Produkt? in: SUTO-Press, Nr. 18 (1981), AKFD
21 Protokoll des Verwaltungsrates der AG Chocolat Tobler, 20.3.1975, AST
22 Neue Zürcher Zeitung vom 8. Juli 1995
23 Neue Zürcher Zeitung vom 11. Mai 1995
24 SonntagsZeitung vom 30. April 1995
25 Tages-Anzeiger vom 25. März 1997
26 Schweizer Schokolade im Ausland – ein minderwertiges Produkt? in: SUTO-Press, Nr. 18 (1981), AKFD

Menschen und Maschinen

Sozialpolitik, Betriebskultur, Rationalisierung

Seit Anfang der 1890er Jahre fliesst elektrischer Strom ins Berner Länggassviertel. Das ermöglicht es Theodor Tobler, hier 1898 eine Schokoladefabrik zu bauen. 1900 beschäftigt er rund 50 Arbeiterinnen und Arbeiter, zwölf Jahre später sind es schon rund 600. Damit ist Tobler um 1910 der grösste industrielle Arbeitgeber der Stadt Bern.[1] Die Arbeitszeiten der Schokoladefabrik und anderer Grossbetriebe bestimmen den Lebensrhythmus im Quartier. Bei Arbeitsschluss strömen die Arbeiterinnen und Arbeiter aus den Fabriktoren, und auf dem Heimweg schauen vor allem die Männer regelmässig in einer der vielen «Beizen» im Quartier vorbei. Die Arbeiterwohnungen sind eng und unfreundlich, das Wirtshaus dient gleichsam als kollektives Wohnzimmer.

«Schweizerische Töchter» sind nicht zu haben

Die Schokoladeherstellung in der Tobler-Fabrik ist schon in den frühen Jahren so weit mechanisiert und automatisiert, wie es die damalige Technik erlaubt. Auch im Wickelsaal, wo Frauen die Schokolade einwickeln und verpacken, ersetzen bereits vor dem Ersten Weltkrieg Maschinen einen Teil der Handarbeit. Diese «wahren kleinen Wunder der Technik» seien in der Lage, Schokoladen unterschiedlichster Form «mit ausserordentlicher Geschwindigkeit und Genauigkeit» zu verpacken, ohne dass die Ware von Arbeiterhand berührt werde, schwärmt Theodor Tobler 1914.[2] Die Freude des Fabrikdirektors ist so gross, weil er mit den

Berner Altstadt mit neugebauter Kornhausbrücke nach 1900

kleinen Maschinen Lohnkosten spart. Die Löhne in der Schweiz sind schon damals bedeutend höher als im Ausland.

Um zu wettbewerbsfähigen Preisen produzieren zu können, ist die Schweizer Schokoladeindustrie auf günstige Arbeitskräfte aus dem Ausland angewiesen. «Schweizerische Frauen und Töchter gerade im Kanton Bern sind [damals nicht] für die Fabrikarbeit zu haben» und verdienen ihr Geld lieber in der Fremdenindustrie und Hotellerie.[3] Vor dem Ersten Weltkrieg holt Tobler junge Frauen aus Norditalien, wo sich in jenen Jahren die Schweizer Wirtschaft generell mit billigen Arbeitskräften eindeckt. Nach dem Krieg sinkt der Anteil der Italienerinnen bei Tobler wieder, denn inzwischen sind mehr schweizerische Frauen bereit, in der Schokoladefabrik zu arbeiten. 1920 erreicht der Personalbestand mit 900 Beschäftigten einen Spitzenwert, dies als Folge des Booms im Ersten Weltkrieg und in der unmittelbaren Nachkriegszeit.[4] Mit den Wirtschaftskrisen zu Anfang und seit Ende der 1920er Jahre und als Folge des technischen Fortschritts nimmt die Zahl der Beschäftigten stark ab.

Stationen der Schokoladeherstellung

Die Schokoladeproduktion in der Tobler-Fabrik um 1914[5]: In der Rösterei bewegen eingemauerte, mit Kohlefeuer geheizte Rösttrommeln die Kakaobohnen. Anschliessend werden diese in einer Ventilationsanlage abgekühlt, und eine Brechmaschine entfernt mit Schotter- und Blasvorrichtung alle Keime und Schalen. Danach durchlaufen die gebrochenen Bohnen beheizte Mahlgänge und verlassen diese als dünnflüssige Masse. Jetzt trennen sich die Wege für die Herstellung von Kakaopulver und Essschokolade: Zur Gewinnung des Pulvers entfetten mächtige hydraulische Pressen die Kakaomasse bis zu einem bestimmten Grad, und die harten Presskuchen werden zerkleinert und pulverisiert. Für die Essschokolade mischt eine Maschine der bitter schmeckenden Kakaomasse Zucker (je nach Endprodukt auch Milchpulver, Mandeln usw.) und Kakaobutter bei. Dieser verdankt die Schokolade am Schluss ihren Glanz und Schmelz. Kakaobutter fällt bei der Herstellung von Kakaopulver an.

Nach dem maschinellen Mischen und Kneten, das unter stark erhöhten Temperaturen erfolgt, schmeckt die Masse immer noch sandig und trotz des Zuckers herb. Nächste Station sind die Walzwerke, welche die braune Masse zerreiben, bis sie fein genug ist, um in die Längsreibmaschinen, die Conchen, gegossen zu werden. In diesen gedeckten Eisentrögen sorgen zentnerschwere Gusswalzen während mehreren Tagen und Nächten dafür, dass die einzelnen Bestandteile sich geschmacklich verbinden, die bittere Note verdampft und sich die Aromastoffe entwickeln. Im Formensaal streichen Maschinen die noch halbflüssige Masse in die aus Blech gestanzten und mit starken Eisenrahmen gefassten Formen, die anschliessend von Klopfmaschinen automatisch auf- und niedergeschlagen werden, damit die Luftbläschen entweichen. Danach bringt ein Förderband die Formen durch einen Kühltunnel, und in der Ausformerei wird die Schokolade durch vorsichtige Bewegungen ausgeklopft. Von hier geht es weiter in den Wickelsaal, wo Frauen die Schokolade einwickeln und verpacken, und von dort ins Magazin, wo die in Kisten gestapelte Schokolade in alle Welt verschickt wird.

Bis heute folgt die industrielle Schokoladeherstellung im Prinzip diesen Arbeitsschritten. Die Automatisierung ist aber auf allen Stufen weit fortgeschritten, zudem hat selbstverständlich die computergesteuerte Fertigung in allen Fertigungsabschnitten auch in der Schokoladeproduktion Einzug gehalten.

FABRIQUE DE CHOCOLAT DE BERNE
Usine électrique
MAISON FONDÉE EN 1845
Tobler & Co S.A.
BERNE, den 23. Januar 1904
SUISSE
MARQUE DÉPOSÉE
CHOCOLAT TOBLER BERNE SUISSE
3 MÉDAILLES D'OR
2 GRANDS PRIX
Titl.
Gaswerke & Wasserversorgung der Stadt

Die erweiterte Tobler-Fabrik, überdimensioniert dargestellt, Briefkopf von 1903

Der starke Wirtschaftsaufschwung der 1950er und 1960er Jahre lässt bei Chocolat Tobler den Arbeitskräftebedarf rasant ansteigen, und die Fabrik kann die anfallende Arbeit wieder nur dank Mithilfe von Ausländerinnen und Ausländern bewältigen. Auch diesmal kommen sie grösstenteils aus Italien. 1964 sind 44 Prozent der Tobler-Belegschaft Fremdarbeiter. Unter dem Druck von drei fremdenfeindlichen Volksinitiativen senkt die Schweizer Regierung in den 1960er Jahren die

Das grosse Schokoladewalzwerk in der Länggasse, um 1914

Toblerone-Formen: Früher aus gestanztem Blech, heute aus Kunststoff

Im Wickelsaal sind seit jeher Frauen an der Arbeit, Bild von 1963

Das Fliessband bringt die abgekühlte Schokolade in den Wickelsaal, Bild aus den 1970er Jahren

Höchstwerte des ausländischen Personalbestandes, und als dies wenig Wirkung zeigt, beschränkt sie 1970 die jährlichen Zulassungsbewilligungen für ausländische Arbeitskräfte. Chocolat Tobler löst das Problem mit Abendschichten, häufigeren Überstunden und Teilzeitstellen für die Saisonproduktion. 1975 entschärft die Rezession die Lage auf dem Arbeitsmarkt auf ihre Weise.

Bis Mitte 2007 lässt die immer weiter fortschreitende Automatisierung und schliesslich auch die Computerisierung der Schokoladeherstellung den Personalbestand in der Tobler-Fabrik auf rund 270 Mitarbeiterinnen und Mitarbeiter schrumpfen. Auch heute kann die Toblerone – der Inbegriff der Schweizer Schokolade – nur dank Ausländerinnen und Ausländern in der nötigen Menge hergestellt werden. Rund ein Drittel der Toblerone-Belegschaft kommt aus dem Ausland. Die Frauen und Männer stammen längst nicht mehr nur aus Italien, sondern inzwischen aus insgesamt 18 verschiedenen Ländern aus der ganzen Welt: Deutschland, Türkei, Serbien-Montenegro, Italien, Albanien, Bosnien-Herzegowina, Brasilien, Spanien, Kroatien, Mazedonien, Mauretanien, Polen, Portugal, Schweden, Syrien, Thailand, Uganda und Vietnam.

«Sorgen und Nöte»

1914 richtet Theodor Tobler ein Arbeiterinnenheim ein, in dem die meist jungen Italienerinnen zu zweit oder dritt in einem Zimmer leben und streng kontrolliert werden. «Natürlich assimilierten sich Anschauungen, Sitten und Gebräuche der heissblütigen Kinder des Südens nicht sofort mit dem kühlen und nüchternen Berner Charakter. Es gab Zwischenfälle, die das Arbeiterinnenheim nicht selten wenig heimelig machten, weder für die Fabrikleitung noch für die Arbeiterinnen», schreibt Toblers Sozialsekretär 1921.[6] In der Freizeit bietet die Firma den Arbeiterinnen – nach

DIE ENTSTEHUNG DER TOBLERONE

1 Arbeitsgang: Auserlesene Qualitäten von vorzüglichen Rohcacao-Sorten bilden die Grundlage der Fabrikation. Nach peinlichem Sortieren und Reinigen kommen die Cacaobohnen in die

Röstmaschine

einen gewaltigen, hermetisch verschlossenen Zylinder, der über einem gleichmässigen Feuer sich dreht. Zwei mächtige Rührarme bearbeiten das Röstmaterial unter gleichzeitiger Zufuhr von Sauerstoff bis zur vollständigen Röstung.

Der Röstprozess verlangt grösste Sorgfalt und Erfahrung. Unsere seit langen Jahren geschulten Arbeitskräfte garantieren für beides. Nur so ist es möglich die hervorragenden Eigenschaften des Cacaos voll zu entwickeln, das feine wesentliche Aroma zu erreichen.

Das Resultat schwieriger Fabrikationsprozesse, steter sorgfältiger Arbeit ist

TOBLERONE

die vitaminreiche erste Schweizer Milch=Chocolade mit Honig und Mandeln.

Unser nächstes Inserat sagt Ihnen weiteres über Ihre Lieblings=Chocolade

Tobler ist Qualität.

Nur noch 60 Cts. das 100 Gramm Etui

dem Ersten Weltkrieg wieder grossmehrheitlich Schweizerinnen – verschiedene Kurse an. Die jungen Frauen können sich zum Beispiel in die «Geheimnisse einer einfachen, aber gesunden, nahrhaften und gutmundenden Kost einweihen» lassen, wie der Sozialsekretär erläutert. Für ihn ist die hauswirtschaftliche Ausbildung ein wichtiger Teil «industrieller Sozialpolitik», denn wer schon als junger Mensch in der Fabrik arbeiten müsse, habe oft keine «Zeit, Lust und Liebe zur Ausbildung in Haus- und Küchengeschäften», und dies mache sich später bei der Gründung eines eigenen Hausstandes manchmal «mehr als nur unangenehm geltend». Die Firma will die jungen Frauen nicht nur als billige Arbeitskräfte nutzen, sondern sie gleich noch zu tüchtigen Hausfrauen erziehen.[7] Sie sollen in der Lage sein, ihre Ehemänner rundum gut zu versorgen, denn Tobler und die anderen Unternehmer brauchen voll leistungsfähige Arbeiter.

Viele Frauen sind durch die harte Erwerbsarbeit und die Verpflichtungen im Haushalt permanent überlastet und am Rand ihrer Kräfte. Vor allem die verheirateten Frauen und Mütter in der Belegschaft hätten schwer an den «Sorgen und Nöten» zu tragen, die ihnen das tägliche Leben aufbürde, genau wie alle anderen Frauen, die arbeiten müssten, weil der Verdienst des Mannes für die Familie nicht reiche, schreibt der Sozialsekretär.

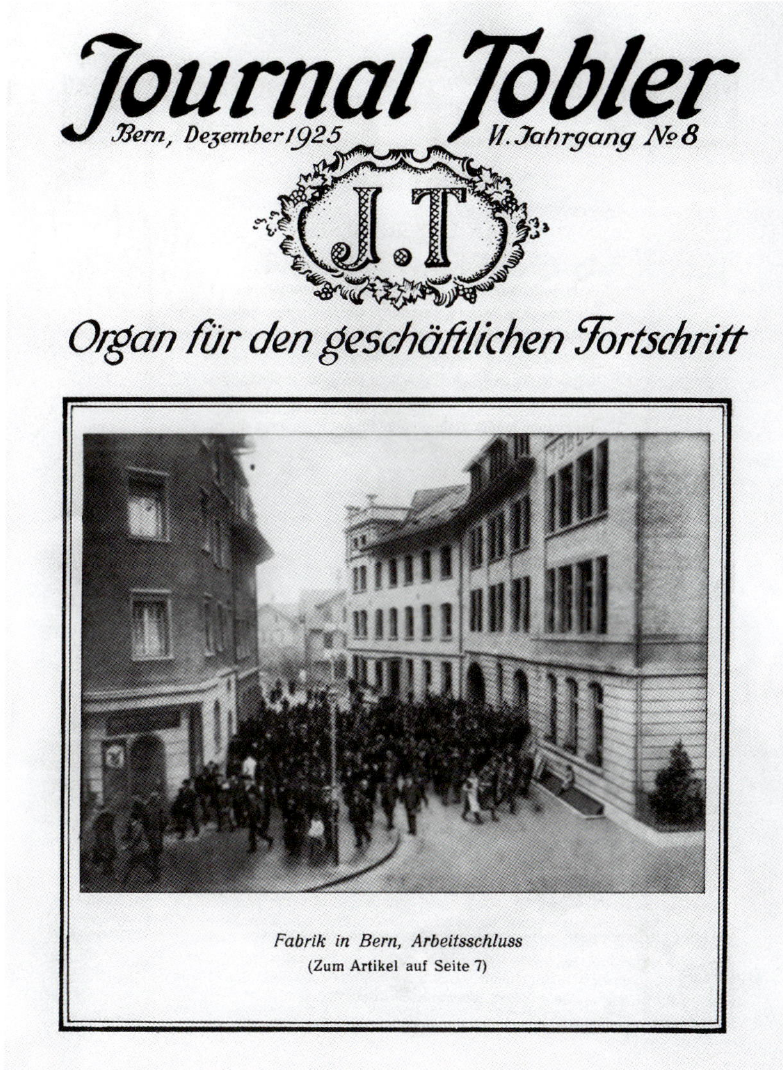
Journal Tobler
Bern, Dezember 1925 VI. Jahrgang No 8
J.T
Organ für den geschäftlichen Fortschritt
Fabrik in Bern, Arbeitsschluss
(Zum Artikel auf Seite 7)

Die Tobler-Fabrik und andere Industriebetriebe bestimmen mit ihren Arbeitszeiten den Lebensrhythmus im Länggassviertel

Der Patron streitet mit der Gewerkschaft

Wie in anderen Schokoladeunternehmen und in der Lebensmittelbranche generell sind die Löhne bei Tobler tief. Zur Illustration: Für eine Mahlzeit in der betriebseigenen Speiseküche muss 1912 zwei Stunden gearbeitet werden.[8] Die Arbeitszeiten betragen in den 1910er Jahren in Einklang mit dem Fabrikgesetz 65 Stunden pro Woche. Bis 1918 senkt Tobler die Arbeitszeiten leicht und führt einen freien Samstagnachmittag ein. Seit 1919 gilt – als politische Folge des schweizerischen Generalstreiks vom November 1918 – die 48-Stunden-Woche. Von 1959 an sinken die Arbeitszeiten schrittweise weiter.

1906 erkämpft sich die Tobler-Belegschaft im ersten Streik der Schweizer Schokoladeindustrie eine Lohnerhöhung und die Verkürzung der täglichen Arbeitszeit von elf auf zehn Stunden.[9] Im Landesstreik von 1918 wird die Arbeit in der Schokoladefabik für zwei Tage niedergelegt. Im Sommer 1919, als in allen anderen Fabriken gearbeitet wird, streiken die Arbeiterinnen und Arbeiter bei

Linke Seite: Werbung für technisch Interessierte, Anzeige von 1928

Tobler erneut, diesmal fast drei Wochen lang. Der Auslöser: Die Direktion sperrt jene Frauen und Männer, die an einer Demonstration für einen inhaftierten Arbeiterführer teilgenommen haben, für einige Stunden aus und hindert sie so daran, dringend benötigtes Geld zu verdienen. Die Gewerkschaft wittert Morgenluft und verstärkt die Agitation, um in der Schokoladefabrik endlich Fuss zu fassen. Theodor Tobler aber versucht, die Gewerkschaft vom Betrieb fernzuhalten, denn als Patron der alten Schule will er selber die Sozialpolitik des Unternehmens gestalten: In ihrer erdrückenden Mehrheit sei die Arbeiterschaft mit den Arbeitsbedingungen sehr zufrieden und würde «auch sofort wieder zur Arbeit erscheinen, wenn sie nicht befürchten müsste, von den paar Gewalthabern terrorisiert und zu Hause oder auf dem Wege zur Arbeit misshandelt zu werden», erklärt Tobler während des Streiks.[10] Auf der anderen Seite ist die «Berner Tagwacht», das sozialdemokratische Parteiblatt, erzürnt über den Fabrikdirektor: «Das sind die Unternehmer, die jahraus, jahrein die Arbeiterschaft und ein weiteres Publikum mit den Wohlfahrtseinrichtungen ködern.»[11] Von diesen profitiere aber höchstens ein Drittel der gesamten Arbeiterschaft, gleichzeitig «werden die Löhne darniedergehalten». Am Schluss des Seilziehens muss Tobler die Gewerkschaft als Verhandlungspartnerin anerkennen, und nebst der Kommission für nicht organisierte Arbeiterinnen und Arbeiter gibt es neu eine Kommission der gewerkschaftlich Organisierten. Das sind die zarten Anfänge der modernen Sozialpartnerschaft in der Tobler-Fabrik.

«Wohlverstandene Menschenökonomie»

Dank dem guten Geschäftsgang im Ersten Weltkrieg kann Theodor Tobler Anfang der 1920er Jahre seine sozialen Einrichtungen deutlich ausbauen.

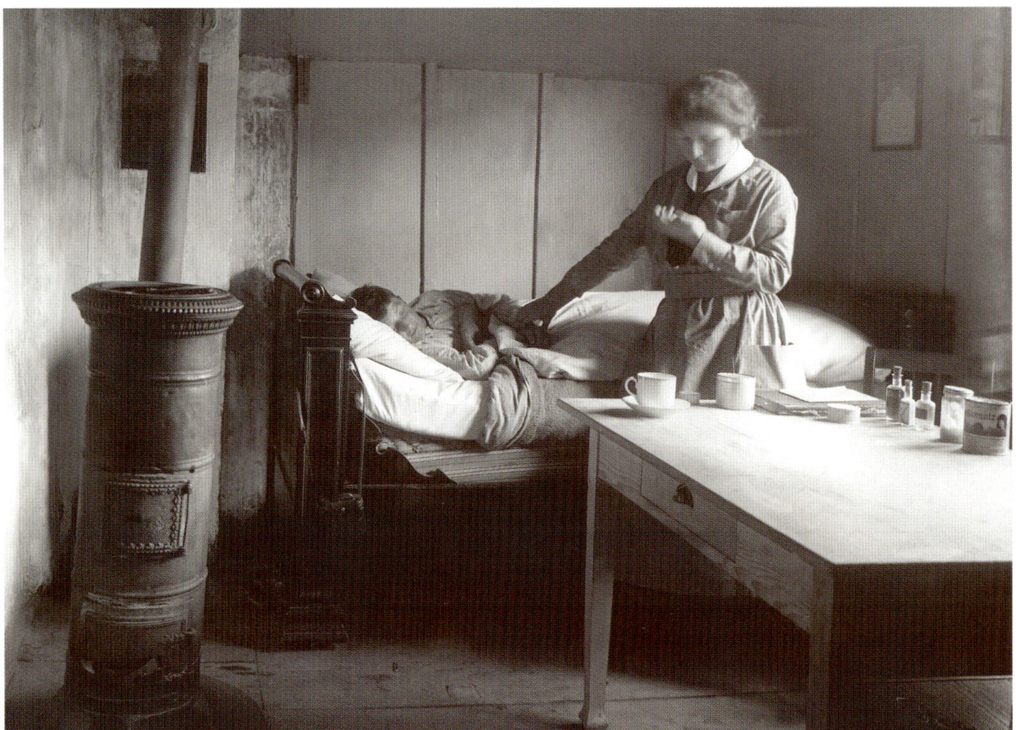

Pflege und soziale Kontrolle: Firmeneigene Krankenschwester auf Heimbesuch, um 1920

Abfahrt ins Tobler-Ferienlager: Mit seiner Sozialpolitik will Tobler die Belegschaft emotional an die Fabrik binden. Bild um 1920

Er steht dabei unter dem Eindruck des Streiks von 1919 und will mit dem verstärkten sozialen Engagement den Einfluss der Gewerkschaften im Betrieb eindämmen. Die bedeutendste und fortschrittlichste Einrichtung ist der im Jahr 1921 mit Betriebsgewinnen angehäufte Hilfsfonds für die Alters-, Invaliditäts- und Hinterbliebenenfürsorge.

Aber schon vor dem Krieg kennt Chocolat Tobler verschiedene «Arbeiter-Fürsorge- und Wohlfahrtseinrichtungen».[12] Die Kranken- und Unfallversicherung, die Unterstützung für Wöchnerinnen und eine Sterbekasse erfüllen den gesetzlich vorgeschriebenen Arbeiterschutz. Darüber hinaus beschäftigt die Firma eine Heimpflegerin, die kranke Arbeiterinnen und Arbeiter besucht, und einen Fabrikarzt. Vor allem aber führt Tobler schon 1911 eine Woche Ferien ein. Davon profitieren Arbeiter, die bereits mindestens sechs Jahre in der Fabrik tätig sind. Bezahlter Urlaub ist sonst vor dem Ersten Weltkrieg in der Schweiz vor allem ein Privileg der Beamten und Angestellten. In den 1920er Jahren lockert Tobler die Voraussetzungen für Ferien, sodass 1926 fast 90 Prozent der Arbeitenden Urlaubsanspruch gewährt wird. Die Länge der Ferien hängt jedoch weiterhin stark von der Dauer der Betriebszugehörigkeit ab.

Tobler will auf diese Weise die qualifizierten Arbeitskräfte ans Unternehmen binden. Der «Vorteil einer geringen Fluktuation des Arbeiterstandes» sei wichtig, «wenn es sich darum handelt, hochwertige und stets gleichmässige Markenartikel zu erzeugen», erklärt er 1923.[13] Auch die schmucke firmeneigene Wohnkolonie dient dazu, «die Arbeiterschaft, heute vielfach gegen ihren eigenen Willen ein modernes Nomadenvolk, wieder mit der heimatlichen Erde enger zu verbinden».[14] In den Genuss der Häuser kommen langjährige Mitarbeiter, und wer die Firma verlässt, muss spätestens nach einem Jahr auch das Wohnhaus räumen. Mit Ferienlagern für die Kinder der Belegschaft, Lichtbildvorträgen und einem eigenen Orchester verstärkt die Firma über das Portemonnaie hinaus die emotionale Bindung der Be-

Instrument zur Förderung der Betriebskultur: Die 1955 erstmals erschienene Hauszeitung «Kontakt», Ausgabe vom Sommer 1960

legschaft an den Betrieb. Zur Freude Toblers werden die Dienstverhältnisse tatsächlich zusehends länger.

Tobler will nicht nur die Treue fördern, sondern auch den Arbeitswillen und die Leistungsfähigkeit heben. Er sieht seine sozialen Einrichtungen als Investition in höhere Produktivität und Rendite. 1914 erklärt er, Wohlfahrtseinrichtungen sollten «nicht einen philanthropischen Charakter tragen», sondern «vielmehr der wissenschaftlichen Einsicht entspringen», dass es sich lohne, «eine wohlverstandene Menschenökonomie zu treiben».[15] Da klingt der Amerikaner Frederick Winslow Taylor an, der in jenen Jahren in einem viel beachteten Buch für «Scientific Management» und den rationellen Einsatz von Mensch und Maschine wirbt. Die firmeneigene Alters- und Invaliditätskasse begründet Tobler im tayloristischen Zeitgeist wie folgt: «Es ist erwiesen, dass der Arbeiter, der sich für seine alten oder invaliden Tage gesichert fühlt, viel mehr und viel freudiger aus sich herausholt, was er kann, um dem Betrieb zu helfen.»[16] Ins gleiche Kapitel fällt auch die Gewinnbeteiligung der Arbeiterschaft, mit der Tobler schon 1915 experimentiert. Dieses Anreizsystem will die «scheinbar divergierenden Interessen von Kapital, Arbeit und Unternehmungsgeist auf dem Boden harmonischer Zusammenarbeit und gegenseitigen Verständnisses verbinden».[17]

In den 1950er Jahren können die sozialen Institutionen von Chocolat Tobler weiter ausgebaut werden. Bis zur Fusion mit Suchard im Jahr 1970 bleiben die Leistungen der 1950 neu organisierten Pensions- und Sparkasse aber bescheiden. Erst die Zusammenlegung der bisherigen Stiftungen von Tobler und Suchard verbessert die Altersvorsorge dauerhaft. Eine zusätzliche Verbesserung des Pensionskassenwesens bringen die Übernahmen durch Klaus J. Jacobs in den 1980er Jahren und Philip Morris in den 1990er Jahren.

Strukturwandel à la Global-Players

Schon zu Theodor Toblers Zeit spielt die Gewerkschaft trotz dem Widerstand des Direktors in der Schokoladefabrik eine immer wichtigere Rolle. Bis 1932 erreicht sie einen hundertprozentigen Organisationsgrad.[18] Wer der Gewerkschaft beitritt, geniesst einen gewissen Schutz: Es kommt vor, dass Entlassungen zuerst die unorganisier-

Die Technisierung der Produktion schreitet zügig voran: Toblerone-Rad von 1959

ten Arbeiter treffen. Bis Ende der 1960er Jahre bleibt die Tobler-Belegschaft vollumfänglich organisiert, wobei die Beitritte nicht immer freiwillig geschehen: Frisch Eingestellte müssen sich zur Mitgliedschaft verpflichten, sonst werden sie von den Vorarbeitern als untauglich eingestuft und müssen ihren Platz räumen. Die Ausländerinnen und Ausländer fühlen sich durch die Gewerkschaft schlecht vertreten. 1968 verweigern verschiedene neue Arbeitskräfte die Mitgliedschaft, und nach 1970 kommt es zu einer eigentlichen Austrittswelle der ausländischen Arbeiterinnen und Arbeiter. In den 1980/90er Jahren sinkt die Zahl der organisierten Tobler-Mitglieder weiter, heute bewegt sich der Organisationsgrad zwischen 35 und 40 Prozent. Damit muss die Gewerkschaft in der Schokoladefabrik erfahren, was auch anderswo gilt: Wenn die soziale Sicherheit und der allgemeine Wohlstand hoch sind, ist das Interesse an der Gewerkschaft klein.

Das starke Gewicht, das die Gewerkschaft in den ersten Jahrzehnten nach dem Zweiten Weltkrieg bei Chocolat Tobler hat, ändert nichts daran, dass sich die Belegschaft sehr mit dem Unternehmen identifiziert. Die Weihnachtsfeiern der Chocolat Tobler sind schon vor dem Zweiten Weltkrieg ein fester Begriff, und in den 1950er und 1960er Jahren fördern zahlreiche Sportveranstaltungen und gesellige Anlässe den Zusammenhalt der Belegschaft. Es gibt Jass-, Ski- und Schachtage, Fussball- und Kegelturniere, Korbball- und Laufwettkämpfe, ein firmeneigenes Auto-Rallye und regelmässige Treffen und Ausflüge der Pensionierten. Die 1955 erstmals erschienene Hauszeitung «Kontakt» hält das Personal auf dem Laufenden über den Betrieb und gesellige Aktivitäten. Bis in die 1980er Jahre hinein bezeichnen sich viele Tobler-Mitarbeiter stolz als «Toblerianer».

Heute füllen die «News» aus der und über die Berner Toblerone-Fabrik im Schnitt noch rund eine halbe Seite in der Mitarbeiterzeitung «Panorama», die von Kraft Foods Europe produziert wird. Darin muss sich Toblerone den Platz in jeder Ausgabe mit vielen anderen Marken teilen. Mit der Übernahme von Chocolat Tobler durch Klaus J. Jacobs und später durch den Tabakmulti Philip Morris – beziehungsweise dessen Lebensmittelgruppe Kraft – ist die traditionsreiche Berner Firma in weltweit vernetzten und anonym wirkenden Konzernstrukturen aufgegangen. Das erschwert die Identifikation der Toblerone-Belegschaft mit dem Unternehmen. Die geselligen Aktivitäten der Senioren werden nicht mehr im gleichen Umfang

Fabrikdirektorin Isabell Pehnke und Machine Operator José de Almeida begutachten eine frisch produzierte Toblerone, Bern-Brünnen 2007

unterstützt wie früher. In den 1990er Jahren hält eine amerikanische Unternehmensphilosophie Einzug, die unter anderem das Rotationsprinzip für Kaderleute bringt: Die Manager sollen nach dem Motto Weiterbildung «on the job» an möglichst vielen Orten Erfahrungen sammeln, um später in einer Zentrale des Konzerns Planungs- und Koordinationsaufgaben zu übernehmen. Wer so häufig wechselt, ist eher in der Lage, ohne zu enge Bindung an einen bestimmten Standort mit frischer Kreativität die Überprüfung der jeweils vorgefundenen Kostenstrukturen voranzutreiben.

Neuanfang in Bern-Brünnen

Seit 1985 steht die Tobler-Fabrik nicht mehr im Berner Länggassviertel, wo alles angefangen hat, sondern in Bern-Brünnen, am westlichen Stadtrand gleich neben der Autobahn. Mit dem Umzug gehen Stellen verloren: In der neuen Fabrik braucht es nur noch einige Hundert Mitarbeiterinnen und Mitarbeiter. Die anspruchsvoll gestaltete Produktionsstätte mit Aluminium-Fassade ist Teil der Rationalisierungsbestrebungen, die im Zuge der Fusion mit Suchard zur Interfood AG eingesetzt und zuerst das Marketing und die Administration und danach die Produktion erfasst haben. Der Entscheid, die Schokoladeproduktion

Die neue Toblerone-Fabrik am Stadtrand Berns, 2007

Unitobler: Nach dem Wegzug der Schokoladefabrik aus dem Länggassviertel übernimmt die Universität die alten Gebäude

in einer neuen Fabrik in Bern zu konzentrieren, fällt Anfang 1981. Ziel sind jährliche Einsparungen von mehreren Millionen Franken und die Steigerung der Produktivität.[19] Am alten Suchard-Standort in Serrières bei Neuenburg werden zunächst noch arbeitsintensivere Artikel mit der aus Bern flüssig gelieferten Schokolademasse hergestellt, etwa gefüllte Tafeln, Pralinen und Osterartikel. 1988 gibt aber die Jacobs-Suchard-Gruppe die Stilllegung der gesamten Schokoladeartikel-Produktion in Neuenburg per Anfang 1990 bekannt.
Bei der offiziellen Einweihungsfeier der Fabrik in Brünnen erklärt der bernische Regierungspräsident, Stadt und Kanton Bern hätten den Neubau «in Treu und Glauben» unterstützt.[20] Er gibt damit seiner Hoffnung Ausdruck, dass sich das staatliche Engagement lohnen werde und nicht schon bald weitere Arbeitsplätze verschwinden. Denn die öffentliche Hand hat den Fabrikbau finanziell unterstützt: Sie gewährt ein zinsgünstiges Darlehen, erwirbt die durch den Umzug frei werdenden Liegenschaften zu einem höheren Preis als zunächst vorgesehen und verzichtet auf Steuereinnahmen in Millionenhöhe, indem sie die von Chocolat Tobler mit dem Immobiliendeal erzielten Vermögensgewinne nicht besteuert.[21] Im Gegenzug sieht das Unternehmen von einem Verkauf an den Höchstbietenden ab. Die in der Länggasse erworbenen Gebäude nutzt der Kanton Bern in der Folge für die Universität: Aus der Schokoladefabrik Tobler wird «Unitobler», an die Stelle der Fabrikarbeit tritt die Kopfarbeit.
Schon in der zweiten Hälfte der 1970er Jahre – damals läuft die Diskussion um die Zentralisierung des Managements und der Administration von Tobler und Suchard – ringen die Berner Behör-

den mit den Chefs des fusionierten Unternehmens um jeden einzelnen Arbeitsplatz in Bern. Dabei kommt es zu harten Auseinandersetzungen. Die Kantonsregierung setzt massiv Druck auf und droht mit der Kündigung eines Steuerabkommnens.[22] Der Verwaltungsrat von Interfood gibt ein Stück weit nach, und am Schluss bleiben in Bern mehr Arbeitsplätze erhalten als ursprünglich geplant. Wohl auch deshalb, weil im Verwaltungsrat damals teilweise noch Persönlichkeiten sitzen, die mit Vertretern der politischen Eliten im Kanton Bern eng verbunden sind.

«Swiss made»-Argument rettet Berner Fabrik

In der Ära Jacobs Suchard und verstärkt nach der Übernahme durch Philip Morris gewinnt der Rationalisierungskurs an Schärfe. Der Standort Bern profitiert davon: Die Berner Fabrik wird zum internationalen Toblerone-Produktionszentrum ausgebaut. Nachdem vorher auch Fabriken in mehreren anderen Ländern die Dreiecksschokolade hergestellt haben, stammt ab 1991 jede auf der Welt verkaufte Toblerone aus Bern. Auslöser für die Konzentration ist eine unter Klaus J. Jacobs durchgeführte Studie der Boston Consulting Group im Jahr 1987 mit dem Titel «Chocolate Manufacturing Vision for the Nineties».[23] Die Zusammenlegung gleicher oder ähnlicher Produkte der Jacobs-Suchard-Gruppe in einigen wenigen Fabriken soll die Auslastung verbessern und damit die Produktivität erhöhen und Kosten senken.[24] Zwar sind damals im Hochpreisland Schweiz das Milchpulver und der Zucker teurer als in den EU-Ländern, aber das ist nur auf den ersten Blick ein Nachteil. Denn der Bund unterstützt die Schokoladeindustrie im Rahmen des «Schoggi-Gesetzes» mit Exportsubventionen, indem er auf exportierten Endprodukten einen Teil jener Kosten zurückbezahlt, die durch den Verbrauch schweizerischer Rohstoffe entstehen. Die Toblerone-Besitzer wollen diese Rückerstattungen nicht als «Subventionen» verstanden wissen, sondern als «Neutralisierung eines durch die schweizerische Landwirtschaftspolitik auferlegten Wettbewerbsnachteils».[25]

Der in den späten 1980er Jahren gefällte Konzentrationsentscheid beendet einen Prozess, der schon früher eingesetzt hat. 1979 wird die Toblerone an 13 Standorten auf drei Kontinenten hergestellt: Bern, Stuttgart, Strassburg, Grödig, San Sebastian, Bedford, Buenos Aires, Varese, Dublin, Zagreb, Melbourne, São Paulo und Mexico City. Danach kommt es jedoch zur etappenweisen Produktionsverlagerung, zum Beispiel 1984 von Stuttgart nach Lörrach, 1988 von Lörrach nach Bern und 1991 von Bedford nach Bern. Seit 1998 produziert die Fabrik in Bern-Brünnen ausschliesslich Toblerone.

Dass Bern zur weltweiten Toblerone-Produktionsstätte wird, freut zwar die lokale Öffentlichkeit. Aber als Philip Morris 1990 Jacobs Suchard übernimmt, kommt die grosse Sorge auf, dass der Multi die Berner Fabrik schon in wenigen Jahren schliessen könnte. Tatsächlich stellt der Konzern sämtliche Produktionsstandorte auf der ganzen Welt permanent infrage. Von Zeit zu Zeit werden Kostenvergleiche zwischen den einzelnen Standorten durchgeführt, und 1995 ergeben diese Studien für Bern kritische Werte. Die Schliessungsängste der Berner Öffentlichkeit sind nicht aus der Luft gegriffen. Mit immer neuen Anstrengungen zur Kostensenkung und Produktionssteigerung kann sich aber die Fabrik in Brünnen bis heute behaupten. Dass der multinationale Konzern am Standort Bern festhält, hat auch stark mit Marketing zu tun: Nur in der Schweiz hergestellte Schokolade darf sich «Swiss made» nennen.

Das Berner Management rechnet vor, dass der Verlust dieser Herkunftsbezeichnung sich in einem Umsatzrückgang niederschlagen könnte, der die kostengünstigere Produktion im Ausland nicht aufwiegen würde.[26] Das «Swiss made»-Argument fällt so stark ins Gewicht, weil rund 96 Prozent

Das «Swiss made»-Marketingargument rettet Mitte der 1990er Jahre den Produktionsstandort Bern

der Toblerone-Produktion exportiert und rund ein Viertel der dreieckigen Schokoladen in Duty-free-Shops verkauft werden.
Gemessen an den einstigen Planungen hat die Berner Fabrik inzwischen eine gigantische Produktionsleistung erreicht: Im Zuge der Toblerone-Konzentration wird sie ihren Ausstoss von 1991 bis in das Jahr 2006 verdoppeln. Möglich ist die spektakuläre Steigerung auch dank der Herstellung neuer Produkte wie Mini-Toblerone, One by One oder Toblerone Pralinés.

Automatisierung und Computerisierung

Unter dem ständigen Druck, die Produktion zu steigern und die Kosten zu senken, verändert sich die Rolle der Menschen und Maschinen in der Berner Fabrik im Lauf der Jahre. Die 1989 eingeführte 35-Gramm-Toblerone wird in den ersten beiden Jahren noch von Hand in die Versandkartons abgefüllt. Schon 1991 übernimmt eine vollautomatische Kartoniermaschine diese Arbeit, und 1992 wird auch die Palettierung automatisiert. Für die 100-Gramm-Toblerone stehen ab 1993 ein vollautomatischer Boxenpacker und ein Palettierroboter im Einsatz. Ein computergestütztes System ermöglicht ab den frühen 1990er Jahren die automatische Bedruckung der Produkte in 15 Sprachen während des Verpackungsprozesses. 1993/94 löst eine automatische Nougat-Dosieranlage das bisherige Von-Hand-Mischen des Nougats und der Schokolade ab. 1995/96 nimmt die neueste Generation von Wickelmaschinen ihren Betrieb auf und bringt eine Leistungssteigerung von 80 auf 260 Tobleronen pro Minute. Ab 1998 steht eine Eintafelanlage für gefüllte Tobleronen im Einsatz, und seit 2000 lässt sich der Nougat dank neuer Kühlmaschine innert einer Stunde auf Verarbeitungstemperatur abkühlen, was bislang drei Tage gedauert hat. 2003 kommt eine neue Technologie für das Conchieren zum Einsatz, welche die optimale Energiemenge schneller in das Produkt bringt und dadurch die

TOBLERONE
SICK

Linke Seite:
Automatisiert und computerisiert: Verpackungsmaschine für die 100-g-Toblerone

Zwei Mitarbeiter programmieren die Palettisierung

Leistung steigert. Im selben Jahr wird die neue Nougatkochanlage in Betrieb genommen und eine neue Anlage für die automatische Verpackung der Toblerone Praliné und der Toblerone One by One in dreieckige Geschenkpackungen angeschafft. Das ist nur eine Auswahl der technischen Neuerungen.

Unter dem Strich braucht es tendenziell immer weniger Personal für die Herstellung immer grösserer Mengen Toblerone. Mit der fortschreitenden Automatisierung und Computerisierung ändern sich zudem die Anforderungen an das verbleibende Produktionspersonal und an die Verantwortlichen für Unterhalt und Reparatur. Die Mitarbeiterinnen und Mitarbeiter müssen allfällige Störungen an den vollautomatisierten Anlagen rasch beheben können, denn jede Verzögerung kostet Geld. Die teilweise kräfteraubende Handarbeit hat zugunsten vermehrter Kontrollfunktionen abgenommen. Elektriker, Techniker und Prozessmechaniker gewinnen in der Fabrik immer mehr an Bedeutung und übertreffen zahlenmässig die Arbeitskräfte, die Verpackungsmaterial nachfüllen, an der Bahn- und Lastwagenrampe tätig sind oder andere Arbeiten verrichten, für die es keine Berufsausbildung braucht.[27] Aber dennoch blei-

Verpackungsprozess für Toblerone Pralinés

Mit der fortschreitenden Rationalisierung nimmt die Bedeutung der Wartungsarbeiten zu

ben in der Berner Fabrik viele Arbeiten körperlich anstrengend.

Der technologische Fortschritt hat auch den Anteil der Männer beziehungsweise Frauen in der Fabrik verändert. Bis zum Zweiten Weltkrieg sind bei Tobler ebenso viele Arbeiterinnen wie Arbeiter beschäftigt.[28] Seit den 1960er Jahren verschwinden in der Schokoladeproduktion im Zuge der Rationalisierung immer mehr manuelle Arbeiten, die zuvor meist von Frauen erledigt worden sind. Die weiblichen Arbeitskräfte bilden heute nur noch einen Drittel der Belegschaft.

1 Christian Lüthi: Chocolat Tobler in der Quartier- und Stadtgeschichte, in Yvonne Leimgruber, Patrick Feuz, Roman Rossfeld, Andreas Tobler (Hg.): Chocolat Tobler. Zur Geschichte der Schokolade und einer Berner Firma (Berner Zeitschrift für Geschichte und Heimatkunde, Band 63), Bern 2001, S. 157

2 Theodor Tobler: Kakao, Chocolade und Schweizerische Chocolade-Industrie, auszugsweise Wiedergabe eines Vortrages, gehalten am 27. März 1914 im Schosse des Bernischen Vereins für Handel und Industrie, Bern 1914, S. 26

3 Das schreibt Hans Wirz, Sozialsekretär der Schokoladefabrik Tobler, 1921 in einem Artikel über die sozialen Fürsorge-Einrichtungen der Firma, in: Jurnalo Tobler, Nr. 2 (1921), S. 10, Staatsarchiv des Kantons Neuenburg (Archiv Suchard Tobler), AST

4 Personalbestand und Ausländeranteil nach Christian Holliger und Yvonne Leimgruber: Die Entwicklung der Sozialpartnerschaft in der Chocolat Tobler. Soziale Errungenschaften versus Verlust der Betriebskultur, in: Chocolat Tobler, S. 103–104

5 Nach Tobler: Kakao, S. 18–26

6 Wirz: Soziale Einrichtungen

7 Vgl. dazu ausführlicher Yvonne Leimgruber: Arbeit in der Chocolat Tobler. Ein Abbild der gesellschaftlichen Geschlechterverhältnisse, in: Chocolat Tobler, S. 110–121

8 Im Jahr 1909 erhielten Hilfsarbeiter bei Tobler einen Stundenansatz von 25–32 Rappen, Ausformer 25–35 Rp., Handlanger 30–40 Rp., Maschinenarbeiter, Einformer/Packer 35–45 Rp., gelernte Arbeiter (Confiseure) nicht unter 37 Rp. Zum Vergleich: 1912 kostete in der betriebseigenen Speiseküche eine Suppe 10 Rp., Gemüse 10 Rp., Fleisch 30 Rp., Brot 5 Rp., ein Viertelliter Milch 10 Rp. und eine Limonade 15 Rp. Vgl. dazu ausführlicher Holliger und Leimgruber: Sozialpartnerschaft, in: Chocolat Tobler, S. 101–102

9 Bericht des Verwaltungsrates der Tobler & Co. AG zuhanden der Generalversammlung vom 28. März 1907, AST

10 Chocolat Tobler: Schrift zur Aufklärung über den Streik der Arbeiterschaft vom 17. Juli 1919, AST

11 Berner Tagwacht zitiert nach Patrick Feuz und Andreas Tobler: Schoggibaron. Das bittersüsse Leben Theodor Toblers (1876 bis 1941), Bern 1996, S. 56

12 Zur Sozialpolitik Theodor Toblers ausführlicher Feuz: Schoggibaron, S. 103–111, und Emanuel Maurer: Toblers Wohlfahrtseinrichtungen. Sozialer Fortschritt oder Bevormundung?, in: Chocolat Tobler, S. 90–98

13 Theodor Tobler: Arbeitszeit und Arbeitslohn. Vortrag gehalten am 5. Dezember 1923 in der Volkswirtschaftlichen Kammer des Kantons Bern, Bern 1924, S. 35

14 Wirz: Soziale Einrichtungen

15 Tobler: Kakao, S. 46

16 Tobler: Produktion und Wirtschaft im Zeichen einer neuen Zeit, Bern 1928, S. 41

17 Die Entwicklung der Tobler-Unternehmung, Juli 1919, S. 12, AST

18 Die Entwicklung der Gewerkschaft und Betriebskultur nach Holliger/Leimgruber: Sozialpartnerschaft, in: Chocolat Tobler, S. 105–108

19 Protokoll des Verwaltungsratsausschusses der Interfood S.A. vom 18. Dezember 1981, AST

20 «Berner Zeitung» vom 20. Juni 1985

21 Protokoll des Verwaltungsratsausschusses der Interfood S.A. vom 30. Oktober 1981, AST

22 Das Protokoll des Verwaltungsratsausschusses der Interfood S.A. vom 3. Februar 1978 erwähnt eine Sitzung vom 23. Dezember 1977, an welcher von Behördenseite der bernische Regierungspräsident Müller, Finanzdirektor Martignoni und verschiedene Chefbeamte teilgenommen haben und von Interfood die Herren Bauer, Béglé, Celio, Langhart, Winzenried und Kiefer: «La séance a été extrêmement dure. Les représentants d'Interfood ont été pris à partie très violemment par écrit et oralement. On les a accusé de ne pas avoir tenu leurs promesses; on a parlé de mauvaise foi et on a proféré diverses menaces: dénonciation de l'accord fiscal de 1976 [...]. An einer weiteren Sitzung vom 12. Januar 1978 erklären sich die Vertreter von Interfood zu zwei Konzessionen bereit: «Nous avons admis que les sièges opérationelles et de Multifood soient établis dans le canton de Berne.», AST

23 Freundliche Information von Volker Fischbach, Fabrikdirektor in Brünnen von 1987 bis 2000

24 Neben Bern für die Toblerone sind die anderen im Zuge der Konzentration geschaffenen Produktionszentren Lörrach, Halle für dunkle Tafelschokoladen, Strassburg für Pralinen, Herentals für Waffel-Schokolade-Produkte und Berlin.

25 Walter Anderau, Vice President Corporate Affairs von Jacobs Suchard AG, in: Contact Schweiz, Nr. 3 (1992), AKFD. Mit den seit 2006 steigenden Milchpreisen im Ausland und der dadurch kleiner werdenden Preisdifferenz sinken in der Schweiz die Exportrückerstattungen. Die Mitgliedstaaten der Welthandelsorganisation WTO haben beschlossen, die Exportsubventionen bis 2013 zu streichen. Danach wird das Schweizer «Schoggi-Gesetz» wegfallen, weil nicht mehr WTO-konform.

26 Freundliche Information von Markus H. Gerber, Direktor Export Division 1991 bis 1993 und Direktor International World Travel Service (vormals Duty/Tax Free Division) 1994 bis 1998

27 Freundliche Information von Natalie Rosenfeld, Customer Service Specialist der Filiale von Kraft Foods Schweiz AG in Bern-Brünnen

28 Vgl. dazu ausführlicher Leimgruber: Geschlechterverhältnisse, in: Chocolat Tobler, S. 113 bis 116

Schichtarbeit, Fernweh und Herzblut

Fünf Porträts aus der Berner Fabrik

Karin Linder

Machine Operator

Kommt sie in die Schicht, wird selten ein Mechaniker gerufen, sagen die Arbeitskollegen über sie. Die Technik hat Karin Linder schon immer fasziniert. Lieber repariert sie ein Fahrrad als einen Braten zu kochen. «An mir ist ein Junge verloren gegangen», scherzt sie. Und lacht. Karin Linder lacht oft. Gern erzählt sie von den schönen Seiten ihrer Arbeit. Vom Spass, den sie mit den Mitarbeitern hat. Von den Momenten in der Nachtschicht, in denen sie ein Lied anstimmt, wenn die anderen müde geworden sind – und die Stimmung plötzlich wieder fröhlich wird.

Dabei ist es kein leichter Job, den Karin Linder als «Machine Operator» erledigt. Sie arbeitet im Vier-Schichten-Modell. Das bedeutet: sieben Tage Frühschicht, drei Spätschicht, vier Nachtschicht,

Toblerone auf dem Weg zur Verpackung

vier Spätschicht, drei Nachtschicht – und wieder von vorne. Dazwischen hat sie jeweils einige Tage frei. Der frühe Dienst beginnt um 6.00 Uhr und endet um 14.06 Uhr. Um diese Zeit beginnt die Spätschicht, die bis 22.12 Uhr dauert. Abgelöst wird diese von der Nachtschicht, die sich wiederum bis in den Morgen erstreckt.
Die Schichtarbeit bereite ihr keine Mühe, sagt sie. Nur die Frühschicht, die liege ihr weniger. Vor allem die sieben Tage am Stück, das gehe an die Substanz. Aber unter Schlafproblemen, wie sie einige ihrer Kollegen beklagten, leide sie nicht. Karin Linder klagt ohnehin kaum. Lieber streicht sie die schönen Aspekte hervor – etwa, dass sie durch das Vier-Schichten-Modell jeweils am Mittwoch freihat und mit ihren Enkeln in Genf den Nachmittag verbringen kann.
Im Toblerone-Werk in Bern-Brünnen gehört Karin Linder zu den Urgesteinen. Seit 18 Jahren ist sie im Werk tätig. Zuvor hat sie zehn Jahre am alten Suchard-Standort in Serrières bei Neuenburg gearbeitet. Nach der Konzentration der Schokoladeproduktion in Bern hat man die Suchard-Belegschaft vor die Wahl gestellt, nach Bern zu wechseln oder sich eine neue Stelle zu suchen. Karin Linder hat das Angebot angenommen, ohne Murren – auch wenn der Arbeitsweg von ihrem Haus in Neuenburg länger wurde. «Man muss sich anpassen», sagt sie.
Als Deutsche in der Schweiz hat Karin Linder gelernt, sich anzupassen. Hat gelernt, dass man sich in einem Restaurant nicht zu den Leuten an den Stammtisch setzt, sondern an den freien Tisch in der Ecke. Aufgewachsen ist sie in einem Dorf zwischen Hannover und Göttingen. 1949 wird sie in die verzichtsreichen Nachkriegsjahre hineingeboren. Die Eltern sind tagsüber auf der Arbeit, betreut wird sie von ihren beiden älteren Brüdern. Somit sei sie aufgewachsen wie ein Junge, habe Fussball gespielt, häufig laut gepfiffen und sei auf Bäume geklettert. Wohl daher rührt ihr Spass an Dingen, die üblicherweise Männern zusagen. In der Familie ihres Gatten gibt es

Hochmoderne Technik: Verpackungsmaschine

eine Reihe passionierter Schützen. Und auch Karin Linder ist hie und da am Schiessstand gestanden. «Ich schiesse sehr gut.»
Nach der abgeschlossenen Volksschule absolviert sie eine Lehre als Coiffeuse, doch sie hält es nur vier Jahre im Frisörladen aus. Danach zieht es sie in die Fabrik – «in die Produktion», wie sie es nennt. Zuerst produziert sie einige Jahre Joghurtbecher. Farben und Schriften kontrollieren, Schablonen wechseln: Was andere als monotone Maloche empfinden, schildert Karin Linder als technisches Abenteuer.
«Die Arbeit gefällt mir», wiederholt sie immer wieder. Zusammen mit vier weiteren Arbeitskol-

Die weisse Spitze: Herausforderung für die Maschinentechniker

legen ist sie heute für fünf Maschinen verantwortlich und kontrolliert und überwacht den Produktionsablauf. Durch das Vier-Schichten-Modell arbeitet sie stets mit demselben Team, man kennt sich gut, schätzt einander. Ihr letztes Team hat sie einmal zum Grillabend eingeladen, dabei ist ein Türke, ein Ex-Jugoslawe, ein Afrikaner und die Teamleiterin aus Sri Lanka. In der Fabrik zähle, dass jemand nett sei – nicht die Nationalität oder Religion, sagt Karin Linder. Die Mitarbeiter wissen um ihre Erfahrung: «Wenn einer ein Problem hat, kommt er zu mir.» Auch temporär Angestellte, deren Anteil in den letzten Jahren stark angestiegen ist, führt sie ein. Nur bei gravierenden Problemen muss sie einen Mechaniker rufen. «Kleinigkeiten kann ich selber lösen», sagt sie.

Den Grossteil ihres Lebens hat Karin Linder an Maschinen verbracht. An einer Maschine lernt sie auch ihren Mann kennen, als dieser als Mechaniker in Deutschland auf Montage ist. Sie muss die Anlage bedienen, die er installiert. Und so nehmen die Dinge ihren Lauf: Die beiden heiraten, bekommen einen Sohn, später noch eine Tochter. Als die Kinder ins Schulalter kommen, zieht die Familie in die Schweiz – nach Neuenburg ins Haus der Schwiegereltern. Das ist 33 Jahre her. Zusammen mit ihrem Mann beginnt sie bei Suchard, beide wechseln in die Toblerone-Fabrik nach Bern.

Inzwischen ist ihr Mann in Rente. Wenn sie von der Arbeit nach Hause kommt, trinken sie einen Tee und tauschen sich über die Vorkommnisse in der Fabrik aus. Auch Karin Linder nähert sich dem Pensionsalter. Sie denkt darüber nach, früher in Rente zu gehen. Sie möchte das Leben noch etwas geniessen, sagt sie. Es gefällt ihr in der Westschweiz, das Wandern im Jura, das Baden in den Thermen von Yverdon. Aber da ist diese Sehnsucht, die sie in den letzten drei Jahrzehnten nicht verlassen hat. Die Sehnsucht nach der alten Heimat. «Lass uns doch alles verkaufen und über die Grenze ziehen», schlägt sie ihrem Mann manchmal vor. Ein Häuschen irgendwo im Schwarzwald, davon träumt sie, morgens um drei, im Lärm der Maschinen.

Carola Gomez
Machine Operator

Kommt sie nach der Arbeit nach Hause, schaut sie die Post im Stehen durch. Würde sie absitzen, ginge nichts mehr – so müde sei sie jeweils, sagt Carola Gomez. Hundert Prozent arbeitet sie im Toblerone-Werk, dazu führt sie den Haushalt und ist Mutter eines 15-jährigens Sohnes. «Da kann man nicht heimkommen und die Beine ausstrecken.» Auf die Frage, wie sie sich denn erhole, blickt Carola Gomez etwas erstaunt: «Erholen kann ich mich eigentlich nur, wenn ich im Bett liege und schlafe.» Hobby, nein, ein Hobby habe sie keines. Dafür fehle ihr nicht nur die Zeit, sondern auch die Energie.

Gerade stünden beim Jüngling Bewerbungen an, erzählt Carola Gomez, er sucht eine Lehre im Bereich Logistik oder als Maler. Nicht jedem sei es gegeben, ohne Hilfe eine Bewerbung zu schreiben. Momentan sei einfach alles etwas viel. Was ihre Familie betrifft, da gibt sich Carola Gomez mit Leib und Seele hin, dabei gerät sie selbst manchmal etwas in Vergessenheit. Auf die Frage, wie alt sie sei, kommt sie ins Stocken. 46 Jahre, erinnert sie sich nach einigem Rechnen.

Eigentlich gefalle ihr der Job im Toblerone-Werk nicht, gibt sie offen zu, überhaupt nicht sogar. «Ich habe mir die aktuelle Situation nämlich nicht ausgesucht.» Im Zuge von Umstrukturierungen haben sich ihre Aufgaben vor vier Jahren verändert. Als sie vor 18 Jahren zur Toblerone gekommen ist, beginnt sie ebenfalls in der Produktion. Nach kurzer Zeit erhält sie aber das Angebot, in die Administration zu wechseln. Die Tätigkeit im Büro behagt ihr, zumindest am Anfang. Denn über die Jahre schrumpft das Team: Zuerst umfasst ihr Bereich noch vier Angestellte – «die letzten Jahre bin ich mutterseelenalleine im Kämmerlein gesessen und habe Daten in den Computer getippt». Noch einen Monat vor der Umstrukturierung habe man ihr versichert, dass ihr Job nicht gefährdet sei. Und dann der Schock: Sie müsse eine neue Stelle in der Produktion akzeptieren, oder sie erhalte die Kündigung, sei ihr gesagt worden. Man hört es: Der Groll, die Enttäuschung – sie sind noch nicht verraucht.

Kurz zuvor haben sie und ihr Mann eine Wohnung in Niederwangen gekauft. «Mir ist daher nicht viel anderes übrig geblieben, als den Job anzunehmen», sagt Carola Gomez. Nun arbeitet sie als «Machine Operator» im Zweischichten-Modell. Eine Woche Frühschicht, eine Woche spät. Besonders die Spätschicht sei eine Belastung für das Familienleben: Komme sie nach Hause, schlafen die anderen bereits.

Eigentlich hat sie bei der Toblerone begonnen, um endlich zu normalen Arbeitszeiten arbeiten zu können. Aufgewachsen in Rüfenacht, geht sie nach der Schule in die Westschweiz, sechs Jahre ist sie in verschiedenen Bereichen tätig, unter

Präzision gefragt: Automatische Ausrichtung der Toblerone vor der Verpackung

Nougat in der Brechmaschine

anderem in der Gastronomie. Zurück in Bern serviert sie in einer Reihe Restaurants der Stadt, insgesamt zehn Jahre lang. In dieser Zeit lernt sie auch ihren Mann kennen, der damals in der Küche arbeitet. Ihr Gatte kommt aus Galicien, daher der spanische Familienname. Irgendwann habe sie es im Service nicht mehr ausgehalten, vor allem der unregelmässigen Präsenzzeiten wegen: «Der eine kam, der andere ging.» Inzwischen arbeitet ihr Gatte im Gartenbau – «und wir sind am selben Punkt wie früher».

Je nach Arbeitslage wechselt sie immer mal wieder die Abteilung, hauptsächlich ist Carola Gomez aber im Fabrikationsbereich tätig, in dem die Tobleronen ein- und weiterverpackt werden. Sie hat intern eine technische Weiterbildung absolviert. Durch die Automatisierung in den letzten Jahren sind die Anforderungen an die Mitarbeiter gestiegen. Im Vergleich zu früher verfügt das Werk zwar über markant weniger Angestellte, dafür hat der Anteil der höher Qualifizierten zugenommen. Auch sonst habe sich manches verändert, seitdem sie in der Fabrik begonnen habe: «Man spürt den Druck viel mehr», sagt Carola Gomez. «Wir müssen immer mehr Volumen produzieren.»

Die Produktionsteams erhalten Tagesprogramme mit Produktionszielen, die sie zu erreichen haben. «Schaffen wir es nicht, müssen wir den Grund genau belegen.» Gründe für Verzögerungen könnten sein: schlecht verpackte Ware, elektrische oder mechanische Probleme mit den Maschinen oder den Robotern, fehlendes Verpackungsmaterial, zu frische Schokolade. Früher sei es im Werk menschlicher, familiärer zu- und hergegangen, findet Carola Gomez. Gänzlich verschwunden sind die familiären Momente aber nicht: Ab und zu geht sie nach dem Feierabend mit den Kollegen auf ein Glas in eine Beiz. Verständigungsprobleme kennt sie dabei kaum: Sie beherrscht nebst Französisch und Italienisch auch Spanisch – ein Vorteil in der internationalen Fabrik.

Aber es gibt auch die Momente, in denen im Alltag von Carola Gomez alles rundläuft: Dann nämlich, wenn alle Maschinen einwandfrei funktionieren. «Und gute Qualität rausgeht», wie sie sagt. Das seien die schönen Momente. Trotzdem: Bis zu ihrer Pension will sie den Job nicht machen – «auch körperlich würde ich das nicht prästieren». Daher hat sie in den letzten zwei Jahren noch das Handelsdiplom absolviert, zwischen Geschirr abwaschen und Toblerone einpacken. Eigentlich wünscht sie sich länger schon eine berufliche Veränderung, aber dem Sohn zuliebe hat sie die Arbeitssuche zurückgesteckt. «Nun ist der Junior dran, der hat noch seine ganze Zukunft vor sich», sagt sie.

Arpad Brezovski

Leiter Toblerone Sektion und Mitglied Management

Er selbst, sagt Arpad Brezovski, sei so international wie das Unternehmen. Sein Grossvater habe noch den Säbel für Österreich-Ungarn geschwungen – daher der ungarische Name. Seine Eltern stammen aus Serbien, mit ihnen ist er nach Deutschland ausgewandert. Aufgewachsen ist Arpad Brezovski in der Oberpfalz, zwischen Nürnberg und Regensburg. Noch immer fühlt er sich ein wenig als Bayer, aber viel eher fühlt er sich als Kosmopolit. Mit seiner Biografie passt er gut in das Toblerone-Werk, diesem Potpourri der Nationalitäten. «Das ist das Salz in der Suppe», findet er. Auch wenn es nicht immer einfach sei: So müsse man etwa vorsichtig sein, mit welchen Handzeichen man seine Mitarbeiter lobe.

Jede Toblerone, die irgendwo auf der Welt in einem Regal steht, ist durch seinen Verantwortungsbereich gelaufen. Arpad Brezovski ist Leiter der Sektion Toblerone und Mitglied des Managements im Kraft Foods-Werk. Die Produktion der Toblerone liegt in seiner Verantwortung – von der flüssigen Schokolade bis zur Verpackung. Das erfülle ihn mit Stolz, sagt der eloquente Manager. Weilt er in den Ferien, kontrolliert er in den Läden, wo die Toblerone steht, wirft einen Blick auf das Produktionsdatum, versucht sich zu erinnern, welche Schicht sie gefertigt haben könnte. Mit Herzblut, sagt er, sei er bei der Sache.

Wäre er fünfzig Jahre früher geboren, so gewinnt man den Eindruck, wäre aus Arpad Brezovski vielleicht ein gestrenger, doch gutmütiger Patron geworden. Doch wie andere Grossunternemen auch, funktioniert Kraft Foods nach den Imperativen der amerikanischen Unternehmenskultur. Brezovskis bisherige Karriere ist geprägt vom Rotationsprinzip, das im Lebensmittelkonzern für Kaderleute gilt. Nach dem Studium nimmt er seine erste Stelle bei Kraft Foods an. Mehrere Jahre ist er in der Kaffeeproduktion tätig, wechselt regelmässig zwischen internationalen und nationalen, technischen und administrativen Management-Jobs. Dann kommt das Angebot der Führungsposition in Bern, ein Wechsel in die Schokoladenwelt, wie er nicht ohne schwelgerischen Unterton sagt. Es habe kaum Gründe gegeben,

die Chance nicht zu packen. Es gebe nur einen einzigen Standort, ein einziges Werk, das die weltbekannte Toblerone fertige. «Privat hat der Umzug schon eine Herausforderung dargestellt», sagt Brezovski. Denn sein jüngerer Sohn hat damals gerade die erste Klasse begonnen. Aber Brezovski spricht nicht gern von Schwierigkeiten oder Problemen, er redet von Herausforderungen.

Das Rotationsprinzip versteht er nicht als Methode, das die Kaderleute zu kühlen Kalkulierern erzieht, sie davor bewahrt, zu enge Bande zur Belegschaft zu knüpfen. «Die Gefahr besteht zwar», sagt er, doch hänge es stark von der Per-

son ab – «ich bin kein Söldner.» Seit dreieinhalb Jahren arbeitet er nun in Bern. Von sich selbst könne er sagen, dass er mit beiden Beinen am Boden stehe: «Ich kämpfe für dieses Werk, für meine Leute, für meine Produkte.» Wer nur von Ort zu Ort fliege, verliere den Bezug zu den Menschen, zum Werk. «Da macht man den Job nicht gut», ist der Toblerone-Manager überzeugt.

Als «Section Manager», wie es im standesüblichen Englisch heisst, verfügt Arpad Brezovski über eine relativ weitreichende Autonomie. Er sei ein «kleiner Werksleiter im Werk», verfüge über jegliche Funktionen und Ressourcen, um autark zu arbeiten. Dabei hat er aber die von der Firma vorgegebenen Standards und Kostenvorgaben umzusetzen. Er verstehe sich als Teil des Ganzen, als Verantwortlicher, der die Dinge bereitstellt, den die Leute an der Basis bräuchten, damit der normale Ablauf funktioniere. Wo «Bottlenecks», Flaschenhälse, entstehen – sei es in den Bereichen Personal, Technik oder Sicherheit –, versucht er diese auszuweiten.

Eine Vielzahl der Entscheidungen trifft er aus dem Tag heraus, manchmal muss er den Produktionsablauf stündlich anpassen. Längerfristige Entscheide dagegen betreffen etwa neue Produkte. Die Anstösse dazu kommen aus der Forschung und der Produktentwicklung – Brezovski nimmt bei deren Umsetzung Einfluss. Kürzlich hat das Werk eine neue Toblerone mit Rosinen und Nüssen eingeführt, die «Fruit & Nut»-Linie. Für das Werk eine kleinere Sensation, denn seit Jahren wurde keine neue Geschmacksrichtung mehr

lanciert – «eine Herausforderung», sagt Arpad Brezovski.

In seinem Arbeitsalltag muss sich der Toblerone-Manager weniger auf sein Bauchgefühl verlassen als auf ein System, das über die letzten Jahre intensiv ausgeklügelt worden ist: Der Kostenanteil jeder Produktionsminute, jeder Handbewegung wird erfasst und hinterlegt. «Damit sehe ich ganz genau, ob wir kostenoptimal produzieren.» Das Ziel sei, stets die bestmögliche Menge, den passenden Artikel zum richtigen Zeitpunkt herzustellen, Personalressourcen und Maschinenkapazität voll auszuschöpfen.

Wo bleibt da der Mensch, das Menschliche? «Wir sind sehr stark automatisiert. Im Vergleich zu vor zehn Jahren produzieren wir mit deutlich weniger Leuten deutlich mehr», sagt Brezovski. Aber die Automatisierung habe ihre Grenzen. Das Gespür, das Gefühl für das Produkt, das besitze nur der Mensch. Gäbe es die Angestellten nicht, erreichte das Werk nie die hohe Qualität, ist er überzeugt. Zu den mittelfristigen Entscheidungen, die in seiner Verantwortung liegen, gehören auch Personalfragen. Momentan arbeiten mehr als 100 Personen unter ihm – steigen die Absätze der Toblerone-Produkte weiterhin so rasant an, könnten es in Zukunft mehr werden, schätzt er. Das Werk stehe zur Zeit in einer Aufbauphase, sei daran, neue Teams aufzustellen. Dabei kämpfe er vor allem mit der Schwierigkeit, qualifiziertes Personal in kurzer Zeit zu bekommen. «Das verdeutlicht, wie wichtig die Erfahrung der Angestellten ist», sagt er.

Als Chef versucht er vorzuleben, was er von seinen Mitarbeitern verlangt: Loyalität wünsche er sich von seinen Angestellten, sagt Arpad Brezovski, Einsatzbereitschaft, Ehrlichkeit, Feedbacks und Herzblut. Er versuche, so viel wie möglich für seine Mitarbeiter zu tun: «Wenn sie dies spüren, ziehen sie auch gerne mit.» Seine Arbeitstage tendierten eher gegen zwölf als gegen acht Stunden, schätzt Arpad Brezovski. Freizeit bleibt da kaum. Erholen kann er sich am Wochenende, mit der Familie. In Münsingen hat er nach längerem Suchen ein Haus gefunden, das seinen von Deutschland geprägten Platzansprüchen entspreche. Im Sommer geht er wandern, im Winter Ski fahren. «Eigentlich kann ich mir gar keinen bessern Ort zum Leben vorstellen», meint er. Seine beiden Söhne seien in der Schule und in Sportvereinen integriert: «Sie möchten wohl eher nicht wegziehen.» Wie lange er noch in Bern bleibt – das entscheide nicht nur er selber. Das Unternehmen investiere in Kaderleute und schicke sie ins Ausland, um so einen Pool von fähigen Leuten zu haben, sagt er. Und da gäbe es durchaus einige Herausforderungen, die Arpad Brezovski reizen würden.

Jovanka Sedlic

Machine Operator

Eigentlich hätten sie und ihr Mann nur einige Jahre bleiben wollen, um etwas Geld zu verdienen. Aber es ist anders als geplant gekommen, wie so oft in Biografien von Fremdarbeitern in der Schweiz. 1987 wandern Jovanka Sedlic und ihr Mann in die Schweiz aus. Sie beginnen vor 18 Jahren im Toblerone-Werk, sie in der Produktion, er im Transport. Daran hat sich bis heute nichts verändert – doch die Welt ist derweil eine andere geworden.

Das Land, das Jovanka Sedlic einst verlassen hat, gibt es nicht mehr: Jugoslawien. Aufgewachsen ist sie in Modrica, einem kleinen Ort im serbischen Teil von Bosnien-Herzegowina. Ihr Mann stammt aus demselben Dorf, geheiratet haben sie jung. Jovanka Sedlic ist damals gerade 17 Jahre alt und

Jovanka Sedlic und ihr Kollege überwachen den Verpackungsprozess

bricht die Schule nach der 8. Klasse ab. Der Vater arbeitet in einer Kartonfabrik, die Mutter ist Hausfrau. Sie halten einige Tiere und pflanzen Gemüse an – eine einfache, beschauliche Jugend. Über den Krieg, der in den 1990er Jahren den Vielvölkerstaat auseinandersprengt, mag sie nicht gern reden. Ihr Ort sei glücklicherweise kaum von den Gefechten betroffen gewesen. Während eines Monats habe ihre Familie das Dorf verlassen müssen, da habe sie Angst um ihre Angehörigen gehabt. Inzwischen habe sich vieles geändert, sagt sie, es sei fast wieder wie früher, als die Menschen friedlich zusammenlebten. So wie im Toblerone-Werk: Auch während der Kriegsjahre habe es zwischen den Serben, Kroaten und Muslimen keine Spannungen gegeben. «Wir sind die Gleichen geblieben wie vorher», sagt Jovanka Sedlic, «keine Probleme, alles gut.»

Sie sagt oft: «Alles gut.» Auch zu ihrer Arbeit. Als «Machine Operator» überwacht sie die Maschinen, meistens «im P20», wie sie sagt – dort, wo die zackigen Schokoladen eingepackt werden. Manchmal wechselt sie für einige Tage in andere Abteilungen, je nachdem, wo sie gebraucht wird. Es gefalle ihr, es sei hier «freundlich», sagt sie.

Neben der Arbeit führt Jovanka Sedlic den Haushalt und kümmert sich um die drei Kinder. Die älteste Tochter ist inzwischen 24 Jahre alt und bald gelernte Laborantin, die jüngste besucht die 6. Klasse. Manchmal sei es schon anstrengend, alles unter einen Hut zu bringen. Aber da die Kinder älter sind, sei es besser. Und ihr Mann helfe ihr viel.

Ihre Kinder fühlten sich als Schweizer, sie wollten bestimmt nicht mehr zurück. Sie und ihr Mann aber, sie hätten zwei Herzen in der Brust. In der Schweiz fühlten sie sich wohl, hätten sich an das Leben hier gewöhnt, an die Arbeit. Und kürzlich haben sie in Moosseedorf ein Haus gekauft. Aber das Heimweh nach Bosnien, es ist nicht verklungen. «Wir alle», sagt Jovanka Sedlic und meint die Gastarbeiter in der Schweiz, «wir alle haben den Traum nicht aufgegeben, irgendwann zurückzukehren.» In einem populären bosnischen Volkslied heisst es: «Es ist zu früh, um glücklich zu sein, und zu spät, um traurig zu sein.»

Victoria Navratil
Mitglied der Geschäftsleitung

Es ist an einem der jährlichen Treffen der Toblerone-Zuständigen aus den 52 Business Units von Kraft Foods, über welche die Toblerone in die weite Welt vertrieben wird, als Victoria Navratil von ihren Kollegen ein Präsent erhält, als Dank für ihre Verdienste. Gerührt erhebt sie sich und spricht spontan diesen Satz, der später im Unternehmen zum geflügelten Wort wird: «Aus der Tiefe meines dreieckigen Herzens möchte ich euch danken.»

Seit 1973 arbeitet Victoria Navratil für Tobler. Doch das Wort Arbeit steht bei der langjährigen Angestellten für mehr: Victoria Navratil lebt für die Toblerone. Ihr Büro zeugt davon: Werbeplakate hängen da, Promo-Artikel, Toblerone-Riegel in allen Grössen und aus allen Zeiten. Eine Toblerone sticht dabei besonders hervor: Im traditionellen Schriftzug prangt darauf der Name «Navratil». Viele der Gegenstände erzählen eine Geschichte. Etwa das Poster mit der abhebenden Concorde und dem Untertitel:«Toblerone inspires the world». Der Werbeagentur ist seinerzeit zum Bild keine Headline eingefallen. «Tobleronic» schlägt Navratil vor, in Anspielung auf «supersonic», englisch für Überschall. Auf dem gesamten Globus hängen die Poster mit ihrem Spruch, als am 25. Juli 2000 eine Concorde abstürzt und 113 Menschen in den Tod reisst. Innert Stunden muss das Plakat abgehängt oder überdeckt werden. Doch die meisten Erinnerungen und Episoden, die Victoria Navratil aus den 35 Jahren ihrer Karriere erzählt, sind glücklicher. Dabei ist es reiner Zufall, dass sie überhaupt in der Schweiz gelandet ist.

Victoria Navratil wird auf den Philippinen geboren und schliesst in Manila an der Universität den Bachelor in Betriebswirtschaft ab. Für den Master plant sie, in den USA zu studieren, wo bereits ihre Schwester lebt. Vorher will sie ein Praktikum absolvieren, irgendwo in Europa. Sie entscheidet sich für die Schweiz und für die Firma «Wander». Der Entschied fällt allein dadurch, weil ihr der Firmenname ein Begriff ist. Das Lebensmittelunternehmen Wander führt damals in Manila ein Werk. Auf das Praktikum folgt eine feste Anstellung. «Doch beginnt man in einem Unternehmen als Praktikantin, ist es schwierig, sich von diesem Ruf zu lösen», sagt sie. 1973 wechselt sie daher zu Chocolat Tobler. Und über ihr eigentliches Vorhaben, in den USA den Master zu machen, verliert sie nie mehr einen Gedanken.

Victoria Navratil beginnt bei Tobler in der Marketing-Abteilung. «Damals wusste man noch nicht wirklich, was Marketing überhaupt bedeutet», sagt sie. Daher sei es möglich gewesen, den Bereich von Beginn weg aufzubauen und zu gestalten. Eine wichtige Figur bei diesem Prozess sei ihr damaliger Vorgesetzter Max Baumann gewesen. Ihm schreibt sie auch eine bedeutende Rolle zu, dass heute die Toblerone auf der gesamten Welt bekannt und beliebt sei.

Rechte Seite: **Gesellschaft und Technik haben sich gewandelt, doch die Toblerone ist bis heute eine beliebte Schokolade geblieben. Plakat aus dem Jahr 1924**

«Ich habe in meinem Leben noch nie einen Menschen getroffen, der nicht wusste, was Toblerone ist», sagt sie stolz. Der Bekanntheitsgrad der Marke sei vergleichbar mit Coca-Cola. Kürzlich habe sie bei einem Meeting in einem Hotel in England den Angestellten an der Rezeption eine Toblerone angeboten – ohne Verpackung, nur im Silberpapier. «Oh, Toblerone!», hätten sich diese gefreut. Die dreieckige Form sei Wiedererkennungseffekt genug.

Als es zum Zusammengang von Suchard und Tobler kommt, soll Victoria Navratil nach Neuenburg wechseln. Da ihr aber der Standort nicht behagt, zieht es sie vom Marketing in die Exportabteilung nach Worblaufen bei Bern, wo sie für die skandinavischen Märkte zuständig ist – später fürs Duty-free-Geschäft in Skandinavien. Hier beginnt ihre Affinität für das Geschäft mit den zollfreien Läden auf Flughäfen. 1994 erhält sie die Chance, als Marketing-Managerin in die internationale Duty-Free-Abteilung in Zürich zu wechseln – diesem Job bleibt sie zwölf Jahre treu. Da sie damals schon mit ihrem Ehemann in Bern lebt, wohnt sie unter der Woche in einer möblierten Einzimmerwohnung in Zürich. Zu Hause ist sie ohnehin nicht allzu oft: «Am Abend wurde es oft spät», räumt Navratil ein. Da erstaunt es auch nicht, dass sie lieber über ihren Beruf als über ihr Privatleben spricht. Früher hat sie in der Freizeit etwas Tennis gespielt, inzwischen versucht sie sich an Golf.

Seit Beginn der zollfreien Geschäfte nach dem Zweiten Weltkrieg ist die Toblerone auf den Flughäfen der Welt vertreten, unter den Schokoladen ist sie heute das am meisten verkaufte Produkt. Auch unter Victoria Navratil wächst der Absatz jährlich an. Die Werbemöglichkeiten in den Zollfrei-Läden sind beschränkt und teuer, daher sind Standort und Präsentation von hohem Belang. «Wir haben uns immer bemüht, möglichst die besten Plätze zu haben», sagt Navratil. Zusammen mit dem Team, das sie in Zürich aufbaut, geht sie dabei auch neue Wege. So lanciert sie exklusive, goldene Tobleronen oder «Display-Einheiten», freistehende Verkaufsstationen, die im traditionellen Design der Marke gehalten werden. Ein «Appetizer», der «ahmächelig» aussehe, sagt Navratil. Spricht sie über ihre Tätigkeit, verquickt die gebürtige Philippinin in charmanter Manier berndeutsche Wörter und englische Business-Begriffe. Auf ihrem Pass prangt länger schon ein Schweizer Kreuz – und auch ihr Charakter habe sich den hiesigen Tugenden angepasst. Gelegentlich besucht sie ihre alte Heimat. Dass die Duty-free-Läden auf den Philippinen zu den besten Absatz-Standorten gehören, liege aber nicht nur daran, dass sie dort regelmässig kiloweise Toblerone für ihre Verwandtschaft einkaufe, scherzt sie.

Vor zwei Jahren hat Victoria Navratil nochmals eine neue Herausforderung angenommen. Im Werk in Bern-Brünnen ist sie nun in der Produktentwicklung tätig. Was bedeutet, dass sie die Fabrikation neuer Produkte technisch und kundenorientiert begleitet. Momentan ist sie etwa mit der Einführung der neuen Geschmackslinie «Fruit & Nut» beschäftigt. In England, wo das Produkt zuerst in Umlauf gebracht worden ist, präsentieren sich die Verkaufszahlen erfreulich – vor allem sei der Absatz der klassischen Toblerone nicht zurückgegangen, was darauf schliessen lässt, dass die erneuerte Geschmackslinie auch neue Kunden generiert.

Wie üblich setzt sich Victoria Navratil nicht nur während den Bürozeiten für das Produkt ein: Kürzlich hat sie in einer Berner Bäckerei die Verkäuferin gefragt, ob ihr die «Fruit & Nut»-Toblerone munde. Sie habe sie noch nicht probiert, antwortet die Frau hinter der Theke, worauf Victoria Navratil einen Riegel kauft, um die Verkäuferin degustieren zu lassen. Natürlich stehen in der Bäckerei die Tobleronen inzwischen an prominenter Stelle.

II
TOBLERONE
TOBLERONE
Tobler Nimrod
HRPfeiffer

Die Autoren

PATRICK FEUZ, geboren 1967, studierte an der Universität Bern Zeitgeschichte, englische Literatur und Medienwissenschaft und ist heute als Journalist bei der Berner Tageszeitung «Der Bund» tätig.

ANDREAS TOBLER, Enkel von Theodor Tobler, wurde 1958 in Bern geboren und studierte dort Germanistik, Schweizer Geschichte und Medienwissenschaft. Er arbeitet als wissenschaftlicher Mitarbeiter der eidgenössischen Parlamentsdienste.

URS SCHNEIDER, geboren 1974, absolvierte zunächst eine kaufmännische Lehre bei einer Schweizer Grossbank. Später studierte er Geschichte und englische Literatur an der Universität Freiburg i.Ü. und wirkt heute als Lehrer für Englisch an einem Gymnasium in Freiburg.

Mitarbeit

SIMON JÄGGI, geboren 1980, studierte Zeitgeschichte an der Universität Bern, arbeitet als Journalist bei der Berner Tageszeitung «Der Bund» und ist daneben als freischaffender Filmemacher tätig. Er verfasste die Porträts der Mitarbeiterinnen und Mitarbeiter der Toblerone-Fabrik.

Wir danken herzlich

BÄRBEL KERN und SILKE PULS, Company Archive Kraft Foods Deutschland in Bremen, und NATALIE ROSENFELD, Produktionsstätte in Bern-Brünnen, für ihre unermüdliche Hilfe bei der Suche nach Dokumenten und anderen wichtigen Materialien.

DR. DANIEL TILGNER, Edition Temmen, Bremen, für seine kritische Lektüre des Manuskripts und seine wertvollen Anregungen.

JEAN PIERRE SCHLUP, langjähriger regionaler Verkaufsleiter bei Chocolat Tobler und den Nachfolgefirmen. Er hat in über 35-jähriger Sammlertätigkeit zahlreiche Tobler-Werbeobjekte vor dem Verschwinden bewahrt und so einzigartige Abbildungen zum vorliegenden Buch beigesteuert.

ELENA TOBLER-KOVALENKO, SABINE SOLLBERGER FEUZ sowie MARIO, SOPHIE und LINA für die Zeit, die sie uns gegeben haben, um dieses Buch zu schreiben.

Bildnachweis

Adrian Moser, Bern (s.a. Sammlung Jean-Pierre Schlup) 182 u., 199

Archiv «Der Bund», Bern 43 o., 44, 50

Archiv Hochdorf AG 32

Archiv Narimpex AG, Biel 160 l.

Archives Communales, Neuchâtel 162, 173 o.

Bildarchiv Edition Temmen 9, 171

Burgerbibliothek Bern 12

Chocosuisse, Verband Schweizerischer Schokoladefabrikanten, Bern 164

Company Archive, Kraft Foods Deutschland (Objektfotografie: Winkler-Studios, Bremen, Zutaten- und Produktionsfotografie: Sven Germann, Zofingen) 14, 34–38, 40, 42, 43 u.–49, 51–59, 63 o., 65, 67, 68, 73, 76, 77 o./u., 78 u., 80–83, 86, 98–91, 95, 97, 99, 102 u., 109 u., 111 l., 116, 117, 118 u., 120, 122–125, 126 u., 128, 130, 131 u., 132, 138, 139, 141–144, 155, 156 l./r., 157, 160 r., 161, 163 o., 165, 167, 168, 174 o./u., 175, 177, 180, 181, 182 o., 186–188, 190–198, 201, 204

Fonds Suchard, déposé au Museé d'art et d'historie, Neuchâtel (Suisse) 10, 30, 39, 41, 70, 75, 78 o., 101, 102 o., 103 u., 108 o., 109, 110 o./u., 111 r., 118 o., 119, 126 o., 127, 135, 162, 178, 179

Historisches Museum Bern 85

Kraft Foods Schweiz, Zürich 137 u., 148, 149

Kraft Foods UK 146 o./u.

Kraft Foods USA Corporate Archives, Chicago 131 o.

Kraft Foods World Travel Retail, Zürich 133 o., 134, 136, 137 o.

Museum für Gestaltung Zürich, Plakatsammlung (Fotograf: Franz Xaver Jaggy, Zürich) 69

Sammlung Jean-Pierre Schlup, Uetendorf (Objekt- und Reprofotografie: Adrian Moser, Bern) 63 u., 64, 71, 72, 74, 79, 87 o./u., 94, 107 u.r., 121 o./u., 147, 159

Schweizerische Nationalbibliothek, Bern 31 o., 66, 93, 96, 98, 100, 103 o., 104–107 u.l., 153, 154, 158, 163 u., 176

staudinger + franke, Wien 144

Schweizerisches Alpines Museum, Bern 88

Stadtarchiv Bern 31 u., 33, 84

Andreas Tobler, Bern 16

Frank Tobler, Hilterfingen 8, 13, 33 o.

Iwan J. Tobler, Burgdorf 11, 15 o., 25

Mathias Tobler, Gümligen 15 u.

Impressum

Kraft Foods Deutschland GmbH (Hg.):
Toblerone – die Geschichte eines
Schweizer Welterfolgs

Text und Bildlegenden: Patrick Feuz,
Andreas Tobler, Urs Schneider unter
Mitarbeit von Simon Jäggi

Redaktion: Bärbel Kern, Silke Puls und
Dr. Daniel Tilgner (Edition Temmen)

Layout und Satz:
hofAtelier Toni Horndasch, Bremen

1. Auflage 2008

Hohenlohestraße 21
28209 Bremen
Tel. +49 (0)421-348 43-0
Fax +49 (0)421-34 80 94
info@edition-temmen.de
www.edition-temmen.de

Gesamtherstellung: Edition Temmen
ISBN 978-3-86108-892-9